초고층 빌딩
설계 가이드

이소은 · 김형우 공저

씨
아이
알

LONDON

DUBAI

현재 우리는 세계화된 마천루 경쟁사회에 있다. 잘 짜여진 계획 아래의 초고층 빌딩의 디자인들도 많이 있지만, 주변의 맥락과 연계되지 않고 우후죽순처럼 초고층 빌딩들이 들어서는 도시적 형태도 많이 생겨나고 있다. 필자는 여러 초고층 프로젝트들을 디자인하며, 본질적인 질문들을 가지기 시작하였다. 어떻게 건축가가 초기 디자인 설계 접근법(Approach)을 통해 조금 더 인간적인 삶을 구현시킬수 있을까? 인간과 초고층 빌딩이 도시 안에서 조화롭게 공존할 수 있는 방법은 무엇일까? 초고층 빌딩 안의 녹지공간들과 편의시설들은 어떻게 도시와 융화될 수 있을까? 초고층 빌딩은 과연 우리에게 어떠한 의미의 건축물들로 다가올 것인가?

필자는 이러한 본질적인 질문을 가지고 기존에 한국에 발간된 초고층 관련 책들을 찾아보았다. 서점에는 이미 초고층 빌딩 설계에 관한 여러 가지 책들이 다수 출판되어 있지만, 현재까지의 책들은 대부분 초고층 빌딩에 대한 사례집 위주인 실정이다. 초고층 빌딩의 설계에서 시공에 이르는 기간이 최소 5년에서 10년이 소요되는 것을 감안한다면, 기존 사례집에서 찾아볼 수 있는 디자인 형태와 테크놀로지는 수 년 전에 결정된 그것을 고찰하는 수준에 불과하다.

필자는 두바이의 부르즈 할리파, 시카고의 트럼프 타워, 사우디아라비아의 킹덤 타워, 중국의 진마오, 중국의 우한 그린랜드 타워, 그리고 중국의 청두 그린랜드 타워 등에 이르기까지 유명 초고층 빌딩 설계의 대가인 '애드리안 스미스(Adrian Smith)'와 '고든 길(Gordon Gill)'과 수 년간 일하며 초고층 빌딩을 디자인하는 방법과 자세한 이론 등을 배워왔다. 여러 초고층 빌딩을 설계하며 성립된 이론들을 바탕으로 쌓아온 지식을, 이 책을 통해 보다 많은 이들에게 전해주고 싶었다.

우리는 이 책을 통해 더 능동적이고 체계적인 초고층 빌딩의 설계과정을 해석하여 보여주고, 디자인 유형(Design Typology)을 제안함으로써, 초고층 빌딩의 설계 과정이 궁금한 독자들의 이해를 돕고자 한다. 또한 이를 바탕으로 초고층 빌딩 디자인의 새로운 접근안도 소개하고, 이 밖에 초고층 빌딩 설계에 임할 때에 염두해야 하는 사항들을 분류하여 서술하며, 현재 초고층 빌딩 디자인의 디지털 디자인의 성향과 방향, 디지털 툴 (Digital Tool)을 이용한 친환경 디자인의 디자인 기술을 자세히 서술한다.

현재 건설되고 있는 동아시아의 대부분 초고층 빌딩의 설계는 서구의 디자인과 기술에 의존하고 있는 현실이다. 주변의 사례에서만 보더라도, 한국을 포함한 아시아의 대부분의 초고층 빌딩 설계는 미국, 유럽 등지의 해외 유명 건축가들의 디자인에서 시작된다. 필자가 이 책을 통해 학교에서 배운 설계이론과 실무에서의 경험, 지식을 공유함으로써, 이 책이 언젠가는 우리나라에서도 세계적인 초고층 빌딩 디자인과 기술을 자력으로 주도할 수 있는 디딤돌이 될 수 있기를 희망해본다. 더 나아가 후손들에게 문화유산의 가치를 줄 수 있는 한국의 문화적 특색이 잘 반영된 초고층 빌딩 디자인이 훗날 한국의 건축가들의 자력으로 더 많이 나오기를 간절히 바란다.

2015년 7월
저자 이소은, 김형우

TABLE OF CONTENTS

프롤로그 PROLOGUE

제1장 초고층 빌딩의 정의와 디자인 방향
DEFINITION OF TALL BUILDINGS & DESIGN DIRECTION

1.1. 초고층 빌딩의 역사 _ 6

　　1. 미스 반 데 로에의 레이크 포인트 타워 - 삼각대 형태의 진화 _ 6

　　2. 프랭크 로이드 라이트의 '더 원 마일 하이 일리노이' - 1마일 초고층 형태 _ 8

　　3. 루이스 설리번과 자하 하디드의 건축물의 유기적 해석 _ 10

　　4. 동아시아(한국, 중국, 일본) 불교건축 기술과 현대 초고층 빌딩의 연계성 _ 12

1.2. 초고층 빌딩의 정의 _ 14

　　1. 초고층 빌딩의 분류법 _ 14

　　2. 초고층 빌딩의 높이 측정 _ 16

　　3. 초고층 빌딩의 용도 _ 18

1.3. 초고층 빌딩의 도시적 · 사회적 영향 _ 20

　　1. 초고층 빌딩의 상징성 _ 20

　　2. 초고층 빌딩과 도시밀도와의 관계 _ 22

　　3. 초고층 빌딩의 사회적 인식 _ 24

　　4. 초고층 빌딩의 도시적 영향 _ 26

제2장 초고층 빌딩의 디자인 방향
MORPHOLOGICAL DESIGN METHOD OF TALL BUILDINGS

2.1. 초고층 빌딩의 디자인 고려요소 _ 32

　　1. 문화적 · 종교적 특성과 초고층 빌딩 디자인과의 관계 _ 34

　　2. 지리적 특성과 초고층 빌딩 디자인의 관계 _ 36

　　3. 기후적 특성과 초고층 빌딩 디자인의 관계 _ 38

2.2. 초고층 빌딩의 디자인 접근방식 _ 40

　　1. 기본적인 디자인 접근방식 _ 40

　　2. 풍압과 구조적 관점의 디자인 접근방식 _ 42

　　3. 건축적 형태 변형의 언어 _ 46

　　4. 건물의 형태 변형의 다양성 _ 48

2.3. 이미지에서 영감을 얻는 디자인 _ 52

　　1. 자연의 색감과 모션 _ 54

　　2. 균형적 비율과 기능적인 형태 _ 56

　　3. 디자인의 혁신과 영역의 확장 _ 58

2.4. 연계성을 가진 형태적 디자인 방법론 _ 60

　　1. 평면 형태의 연계적 결합방식 _ 62

　　2. 사회적 패턴 언어의 연계적 결합형태 _ 64

2.5. 지속 가능한 공간의 디자인 방법론 _ 68

　　1. 정원과 공원 - 자연과 휴식처 _ 72

　　2. 광장 - 자연과 사회적 공간 _ 74

　　3. 형태변화에 따른 지속 가능한 공간 창출 _ 75

제3장 초고층 빌딩의 테크니컬 디자인의 구체적 서술
DEVELOPMENT OF TECHNICAL DESIGN FOR TALL BUILDINGS

　　　3.1. 초고층 기술 설계 프로세스 개요 _ 80
　　　　　1. 코어 디자인 _ 80
　　　　　2. 수직 동선 디자인 _ 81
　　　　　3. 파사드 디자인 _ 81
　　　3.2. 초고층 빌딩의 코어 디자인 _ 82
　　　　　1. 빌딩의 모듈 _ 84
　　　　　2. 일반 오피스의 코어의 리스스팬 _ 88
　　　　　3. 주거시설과 호텔시설의 리스스팬 _ 89
　　　　　4. 복합 용도 타워의 코어 설계 _ 90
　　　3.3. 수직 동선 디자인 _ 92
　　　　　1. 엘리베이터의 역사 _ 92
　　　　　2. 엘리베이터 시스템과 디자인 _ 94
　　　　　3. 수직 동선의 조닝 _ 96
　　　　　4. 수직 동선의 그룹과 스카이 로비 _ 98
　　　　　5. 수직 동선 디자인의 구분 및 종류 _ 100
　　　3.4. 파사드 디자인 _ 104
　　　　　1. 초고층 빌딩의 파사드 타입과 시스템 _ 106
　　　　　2. 커튼월 파사드의 역사 _ 107
　　　　　3. 커튼월 파사드의 분류 _ 108
　　　　　4. 초고층의 커튼월 시스템의 종류 _ 110
　　　　　5. 커튼월 파사드의 구성 _ 112
　　　　　6. 차양 시스템 _ 118

제4장 초고층 빌딩의 구조
STRUCTURAL DESIGN OF TALL BUILDINGS

　　　4.1. 구조 시스템과 그 분류 _ 124
　　　4.2. 로드-베어링 시스템 _ 128
　　　4.3. 스틸 프레임 시스템 _ 130
　　　4.4. 복합 시스템 _ 132
　　　4.5. 초고강도 콘크리트 시스템 _ 134

제5장 초고층 빌딩의 화재 안전 성능 설계
FIRE LIFE SAFETY OF TALL BUILDINGS

　　　5.1. 초고층 빌딩의 안전성 _ 140
　　　5.2. 방재 시스템 _ 142

에필로그 EPILOGUE

제1장

초고층 빌딩의 정의와 디자인 방향
DEFINITION OF TALL BUILDINGS & DESIGN DIRECTION

1.1 초고층 빌딩의 역사
HISTORY OF TALL BUILDINGS

초고층의 과거와 현재의 연속성

일반적인 초고층 빌딩을 서술한 책들의 머리에는 빠짐없이 초고층 빌딩의 역사를 다루고 있다. 필자는 이러한 보편적 역사적 서술보다는 현재 디자인 형태와 역사 속의 디자인 형태의 상호 연속성에 대한 고찰을 해보고 싶다.

1. 미스 반 데 로에의 레이크 포인트 타워 – 삼각대 형태의 진화

현대 건축의 아버지라 불리는 미스 반 데 로에(Mies Van Der Rohe)는 1921년 독일 베를린에 글래스 커튼월 초고층 빌딩 디자인을 제시하였다(사진 1.1 & 1.2). 이 디자인 안은 콘셉트 디자인에 불과하였지만, 훗날 미스의 두 제자인 존 헤인리치(John Heinrich)와 조지 스치포리트(George Schipporeit)에 의해서 현실화된다. 이것이 바로 '레이크 포인트 타워(Lake Point Tower)'이다(사진 1.5). 미스의 초기 디자인은 사각형 모양의 매싱(Massing)이었다. 하지만 디자인은 삼각형의 구조로 발전되었고, 존 헤인리치 와 조지 스치포리트는 이를 120도 각도로 이루어진 3-Wings 구조로 발전시켰다.[1] 3-Wings 구조는 3개의 방향으로 건물의 형태가 뻗어나가는 구조로서, 초고층 빌딩의 기본적인 구조와 매싱으로 인정 받게 된다(사진 1.3). 훗날 이 구조는 '삼각대 형태의 구조(Tripod)'라고 불리며 초고층 빌딩의 기본적인 구조가 된다. 각 유닛의 전망은 서로 겹치지 않아 전망을 극대화하는 효과가 있는 이 삼각대(Tripod) 형태, 즉 Y자 모양의 평면구조는 구조적으로도 최적의 형태가 된다.

초고층 설계의 대표 건축가인 애드리안 스미스(Adrian Smith)는 CTBUH(Council on Tall Buildings and Urban Habitat) 2011 서울 컨퍼런스의 연설에서 이에 대한 그의 생각을 풀어놓았다.[2] 그는 이 삼각대 형태의 디자인은 초고층 빌딩 디자인의 기본이 되는 형태라고 강조한다. 애드리안 스미스가 SOM에서 디자인했던 한국의 타워팰리스III에서도 이 개념은 녹아들어 있다(사진 1.4). 그는 이러한 구조적 형태를 조금 더 디자인 요소로 발전시키는 데에 주력했다. 이러한 접근은 타워팰리스III가 한국 초고층 주거빌딩의 초석이 될 수 있는 기반을 만들었다.[2]

삼각대 형태의 초고층 빌딩의 구조는 애드리안 스미스가 디자인한 부르즈 할리파(Burj Khalifa)에서도 찾아볼 수 있다(사진 1.6). 그는 이 구조적 형태를 부르즈 할리파에서 매우 적극적으로 활용하였다. 삼각대 모양의 지지대는 구조적으로 안정적인 형태를 선사함과 동시에, 레이크 포인트 타워와 타워팰리스III에서 증명되었듯이 모든 유닛에서 좋은 전망을 가질 수 있게 하는 디자인적 강점이 될 수 있다. 모든 유닛이 다양한 전망을 가지게 되면서 전망을 극대화하고, 외부에서 보는 전망 또한 대칭을 이루게 하면서 조형적 아름다움을 극대화한 것이다. 이는 훗날 킹덤 타워(Kingdom Tower)의 디자인에도 영향을 미친다. 킹덤 타워는 사우디아라비아 제다에 세워지고 있는 세계 최고 높이의 빌딩(높이 1km 이상)으로서 삼각대 형태의 메가 톨 빌딩(Mega Tall Building, 1.2장 참조)이다. 킹덤 타워에 대한 고찰은 다음에서 해본다.

[1] Lepik, Andres. 2005. *Skyscrapers*. Munich: Prestel: 84-87.
[2] Kim, Sang Dae. 2011. "Why Tall? Green, Safety and Humanity". *CTBUH Seoul 2011 Conference Report*. Seoul: 8-9.

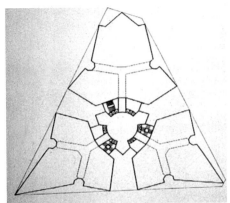

사진 1.1 Mies의 베를린 타워 스케치 평면

사진 1.2 Mies의 베를린 타워 스케치

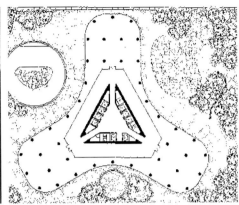

사진 1.3 레이크 포인트 타워 평면

사진 1.5 레이크 포인트 타워, 시카고

사진 1.4 타워팰리스, 서울

사진 1.6 부르즈 할리파, 두바이

2. 프랭크 로이드 라이트의 '더 원 마일 하이 일리노이' – 1마일 초고층 형태

하늘 높이 찌르는 건축물을 짓고자 하는 인간의 욕망은 시대를 불문한 것일까? 원마일 타워(The One Mile High)에 대한 이야기이다.

1956년 시카고, 프랭크 로이드 라이트(Frank Lloyd Wright)는 한 스케치를 공개한다. 바로 528층의 1마일 높이의 타워의 콘셉트 디자인 스케치이다(사진 1.7).[3] 이 프로젝트는 브로드에이커 시티 플랜(Broadacre City Plan)의 도시 계획의 일부로 디자인되었다. 브로드에이커 시티의 마스터플랜은 1920년대부터 진행되어오던 프로젝트였다. 그 마스터플랜의 가장 중심에 디자인된 원마일 타워(The One Mile High)의 전체적인 매싱은 파사드(Façade)가 위로 올라갈수록 작아져서 올라가는 테이퍼드 형태(Tapered Shape)이다(사진 1.7).[3]

라이트는 그 당시에 이 원마일 타워(전체 높이가 대략 1마일로 계획되어 원마일 타워라고 이름 지었다)를 주로 오피스 용도로서 빌딩 사용자들을 약 100,000명으로 예상하였으며, 최상층부의 약 9개층은 TV 방송국과 스튜디오의 용도로 디자인했다.그 후의 상층부는 첨탑처럼 솟아 올라온 안테나 기능을 하는 구조물이 있으면 그 높이는 약 330피트(100미터) 가량으로 디자인하였다.[3] 이는 전망의 효과를 누릴수 있는 공간이자 마천루의 상징성을 극대화시키는 효과도 있다. 당시 프랭크 로이드 라이트는 최상층으로 올라가기까지 60초가 걸리도록 설계했다고 발표하였다. 단순한 콘셉트 디자인이 아니라 현실화할 수 있는 디자인 계획안들을 제시한 것이다. 당시에는 극단적이며 허무맹랑한 접근법이라고 생각했지만, 이 스케치를 보면 현재 진행되고 있는 수많은 초고층 빌딩들의 초석이 되는 디자인 접근법이라고 볼 수 있다. 훗날 이 디자인은 '매우 의미 있는 스텝(A Necessary Step)'으로 평가된다.[3]

그로부터 약 60년이 지난 후, 현실 불가능한 디자인이라고 여겨지던 스케치가 현실로 다가오는 날이 왔다. 'Adrian Smith and Gordon Gill Architecture(AS+GG)'에서는 높이 1km 이상의 초고층 디자인인 사우디 아라비아의 '킹덤 타워(Kingdom Tower)'가 진행되었다(사진 1.8). 킹덤 타워의 디자인 콘셉트는 라이트의 원마일 타워에서 동기를 받아 계획되지는 않았다. 하지만 킹덤 타워의 디자인이 완성된 후에 원마일 타워의 아이디어와 현재의 디자인이 같은 맥락을 가지고 있다는 점을 발견할 수 있었다. 마치 프랭크 로이드 라이트의 스케치를 현실로 구현한 듯한 최종 디자인이 계획된 것이다. 이는 1km 이상의 메가 톨(Mega Tall) 빌딩을 계획·건설할 때 가장 효율적인 구조적 형태와 미적 형태가 같은 언어 안에서 해석될 수 있다는 점을 증명한다고 본다. 약 반세기 전의 스케치가 현대 기술력과 디자인을 바탕으로 탄생한 디자인과 근접한 형태였던 것이다.

미국에서 프랭크 로이드 라이트를 '전 시대를 걸친 미국의 최고 위대한 건축가(The Greatest American Architect of All Time).'[4] 라 부른다. 그가 반세기 전에 꾸던 꿈을 우리가 현재에 재현하듯이, 지금 현재 우리가 더 높고 이상적인 건축물을 꿈꾼다면 그 또한 다음 세대에 언젠가는 이루어지지 않을까? 더 높은 빌딩의 존재에 대한 갈망이 끊이지 않는다면 말이다.

---

[3] Schmidt, John R. 2011. Frank Lloyd Wright's Mile Hight Buildings. WBEZ91.5.25August.2011,<http://www.wbez.org/blog/john-r-schmidt/2011-08-25/frank-lloyd-wrights-mile-high-building-90793>.
[4] Brewster, Mike. 2004. "Frank Lloyd Wright: America's Architect". *Business Week*. Retrieved 28 July. 2004.

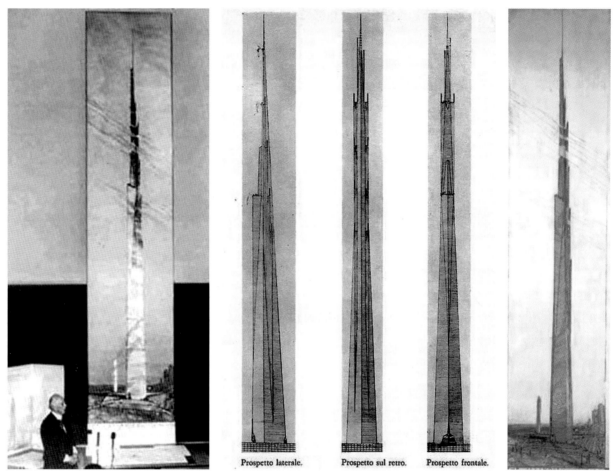

Prospetto laterale.   Prospetto sul retro.   Prospetto frontale.

사진 1.7 1956년 발표하고 있는 프랭크 로이드 라이트와 그의 원마일 타워 스케치 © The Frank Lloyd Wright Foundation

사진 1.8 킹덤 타워 © Adrian Smith and Gordon Gill Architecture

3. 루이스 설리번과 자하 하디드의 건축물의 유기적 해석

건축가 루이스 설리번(Louis Sullivan)은 '형태는 기능을 따른다(Form follows function)'라는 이론을 바탕으로 많은 건축물을 통해 유기적인 건축 방식을 구현해냈다. 특히 그는 시카고파 건축가 중에서도 고층 건물의 새로운 표현을 가지고 온 건축가이기도 하다. 루이스 설리번은 초고층 빌딩에 대한 접근을 건축적 관점과 예술적 관점으로 동시에 바라본 최초의 건축가로 간주된다.[5] 그가 집필한 1896년 '예술성을 고려한 고층 사무소 건물 계획(The Tall Office Building Artistically Considered)'에서 이를 찾아볼 수 있다. 설리번은 이 책에서 이렇게 말했다.

> *"It is the pervading law of all things organic and inorganic, of all things physical and meta-physical, of all things human and all things super human, of all true manifestations of the head, of the heart, of the soul, that the life is recognizable in its expression, that form ever follows function. This is the law." Sullivan, Louis H. (1896). "The Tall Office Building Artistically Considered". Lippincott's Magazine (March 1896): 403–409.*[6]

'형태는 기능을 따른다(Form follows function).' 이 한마디의 말은 건축의 미는 이러한 모든 기능이 만족스럽게 구성이 되어 있을때 자연스럽게 수반되는 것으로 여기며, 불필요한 형태를 없애고, 형태를 위한 형태를 배제하고자 하는 사고가 바탕이 된다는 것을 의미한다.

설리번의 대표작은 무수히 많지만, 그중에서도 게런티 빌딩(Guaranty Building)은 그의 대표적인 작품이다. 1896년에 준공된 게런티 빌딩은 당시만 해도 매우 혁신적인 디자인이었다(사진 1.9). 이전에 대다수의 높은 빌딩들의 전통적인 유럽 스타일을 추구하고 수평적인 라인을 강조하던 시기를 지나고, 1890년대에는 철골구조를 도입한 시기이며, 시카고파의 영향으로 초고층 빌딩의 디자인 혁명이 일어나는 시기였다. 설리번은 과감히 수평적 라인의 표현을 버리고 수직적 디자인을 강조한 건물을 탄생시켰다.[7] 전체적인 구성(저층부, 중층부, 상층부)의 연결성을 설리번만이 가지고 있는 자연적 유기적 형태의 장식으로 승화시키고, 기둥 구조를 통해 직선적인 표현에서 시작하여 지붕과 만나는 부분에서 아치형태로 변형됨으로써, 전체적인 빌딩 외관의 수직 연속성을 표출하였다. 특히 그가 표현했던 고층 건물들의 장식적인 표현들은 매우 유기적이고 정교하며, 자연적 요소에 모티브를 둔 디자인이다. 수직적으로 높은 빌딩에 자연에서 유래된 유기적인 요소를 사용하기 시작한 설리번의 이러한 건축적 형태와 수직적인 표현들에 대한 고려가 묻어 있는 디자인은, 후대의 수많은 건축가들에게 영향을 미치게 된다.

사진 1.9 개런티 빌딩, Louis Sullivan 설계, 1896

[5] Sullivan, Louis H. 1896. "The tall office building artistically considered". *Lippincott's Magazine*, March.
[6] Higgins, Hannah B. 2009. "The Grid Book Cambridge". *MIT Press*. Massachusetts: 211.
[7] Roth, Leland M. 1993. *Understanding Architecture: Its Elements, History and Meaning*. Boulder, CO.: Westview Press: 450.

한편 21세기 건축의 유기적 건축 디자인의 대표인 자하 하디드(Zaha Hadid)의 건축과 루이스 설리번이 성립한 유기적 건축적 요소와 비교해볼 수 있다. 자하 하디드의 건축물은 건축물의 형태 그 자체로 매우 유기적인 형태를 가지고 있다. 이 형태는 언뜻보면 기능에 대한 고려를 하지 않는 순수한 예술적 오브젝트처럼 여겨질 수 있지만, 자하 하디드는 이러한 유기적형태에 기능(Function)을 녹아들어가도록 하였으며, 예술적 요소를 적극적으로 표출함과 동시에 기능성을 높일 수 있는 디자인을 하고자 노력하였다. 자하의 건축물의 구조적 요소는 일반적인 구조적 형태의 틀을 깨고 유기적인 형태로 창출된 것들이 다수이다. 디자인적이며 예술적인 표현을 위함뿐 아니라, 기능적 요소가 동시에 내재되어 있는 점에서 높은 가치를 띤다. 과거의 자하 하디드의 건물은 비교적 낮은 높이의 유기적·예술적 오브젝트같은 형태의 건축물들이 주를 이루었다. 하지만 현재 자하 하디드의 건물은 저층의 예술적 형태의 건축물에서 수직적인 요소가 강한 초고층의 모습으로도 진화하고 있다. 자하 하디드가 최근에 발표한 미국 마이애미의 1000 뮤지엄 콘도(1000 Museum Condo)[8]를 보면, 자하 하디드가 초고층 빌딩의 디자인의 새로운 패러다임을 제시하고 있다는 것을 알 수 있다. 이 건축 디자인은 초고층 빌딩의 기본적인 수직적 요소인 기둥의 형태에서부터 기존의 고정관념을 깨고 있다. 보통의 건물은 기둥이 일직선으로 올라가는 형태이지만, 자하는 이를 유기적인 형태로 풀어 이러한 유선형의 구조가 수직적·구조적 기능성을 가질 수 있도록 설계하였다. 루이스 설리번이나 그 시대의 건축가들이 장식적인 면에서 유기적 형태를 풀었다면, 자하 하디드는 현재의 구조 기술의 발달을 통해서 건물 구조 형태 자체를 유기적으로 해석하여 표현한 것이다(사진 1.10).

대중들은 유기적 요소(Organical Elements)를 친환경적인 요소(Sustainable Elements)라고 느끼기 쉽다. 형태적인 변화에 대한 고려가 매우 어려운 초고층 빌딩의 설계분야에서 자하 하디드는 또 다른 비전을 보이고 있는 것이다. 비선형적인 구조적 형태로 배치되는 기둥은 평면의 다양성을 가지고 오게 하여 다른 방향성에 제시한다. 획일적인 형태에 지쳐온 사람들은 또 다른 디자인적 혁신이라 생각할 수 있다. 자하 하디드가 보여주는 수직적 디자인과 유기적 형태의 결합의 솔루션은 앞으로 초고층 빌딩이 나아갈 방향에 대해 매우 폭 넓은 변화의 가능성을 보여준다.

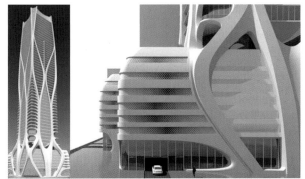

사진 1.10 자하 하디드의 1000 뮤지엄 콘도 © Zaha Hadid Architect_PHOTO from 1000museumcondo.com

[8] One Thousand Museum by Zaha Hadid Architect, <http://1000museum.com>.

4. 동아시아(한국, 중국, 일본) 불교건축 기술과 현대 초고층 빌딩의 연계성

동양에서는 역사적으로 불교 문화가 전래되고 종교적 의례를 위한 불교 건축물들이 발달하였다. 그 중에서도 특히 주목할 건축으로는 사찰의 중심적인 역할을 한 불교의 종교적 상징인 탑파건축이 있다. 이는 부처의 사리가 모셔져 있는 건축물로, 범어인 스투파(Stupa)의 음에서 비롯된 말로써 간소화하여 '탑'이라고 명칭한다.[9] 한·중·일은 불탑의 형태를 가지고 있으며, 누각식 계통의 목탑으로 우주의 중심축을 상징한다. 한·중·일의 불탑에는 서로 다른 특징들을 지니고 있으며 당시 고층 건축물이라 할 수 있는 탑의 고도의 조탑술의 구조와 형태, 평면의 특성은 현대의 초고층 빌딩의 형태와 상징성에 많은 연계성이 있다.

　　　　당시 종교적 상징인 고층 높이의 탑은 안정적인 구조적를 위해 다양한 형태와 방식이 사용되었다. 탑에서도 현재의 초고층 빌딩의 구조와 비슷한 코어라는 개념이 사용되었다. 신라 진흥왕 14년 553년에 건립된 법주사 팔상전은 약 22.7미터의 5층 목조탑이다. 팔상전의 구조는 중앙에 심주를 중심으로 이루어져 있으며 사천주와 귀틀로 사각틀을 형성하여 수평력을 지지하는 역할을 한다. 또한 중국에서 현존하는 가장 높고 오래된 목탑인 불궁사의 9층 석가탑(1056년)의 구조에는 중앙에 심주가 없는 반면, 팔각 드럼으로 각 모서리에는 층마다 24개의 기둥과 안쪽에는 8개의 기둥으로 이루어져 이중들보식 나무 틀의 구조를 형성하였다. 이는 현대 초고층 빌딩의 코어구조에서 흔히 사용되고 있는 트러스(Trusses)의 개념이나 아우트리거(Outrigger Trusses) 구조적 연관성을 지니고 있다. 이는 고층 높이에서 문제시되는 횡압과 수평력의 안정성을 도모한다. 또한 평면의 형태나 각 모서리에 위치한 기둥의 위치, 입면이 점차 높아짐에 따라 작아지는 입면의 형태 역시 상당히 과학적이며 견고한 비율적 형태를 지니고 있다. 이러한 상징성이 현대의 초고층 디자인에도 연계되어 나타난다. 대만의 '타이페이 101 빌딩'이나 중국의 '진마오 타워'의 형태는 마치 탑의 모습 그대로를 현대적으로 표현하려는 의도가 여러면에서 보인다. 평면 형태에서의 방사형 형태나 8각형 형태 사용으로 인한 입면의 형태, 비율적인 입체감, 상부층의 형상부분들은 탑이 지니고 있는 형태와 매우 흡사하다. 이는 곧 동양 역사적, 종교적 문화가 곁들어 있는 초고층 빌딩 디자인의 예시 중 하나라고 할 수 있다.

사진 1.11 타이페이 101

사진 1.12 진마오 타워

사진 1.13 진마오 타워 상부

[9] 김경표. 2014. 동양 건축사. 보성각: 157-177.
[10] 김경표. 1988. 팔상전의 구조형식에 관한 연구. 동국대학교: 50-77.

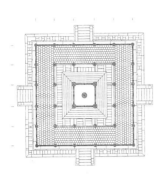

법주사 팔상전, 평면도

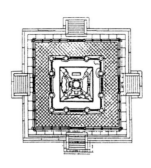

법륭사 오중탑, 평면도

불궁사 석가탑, 평면도

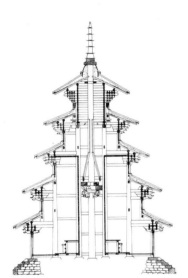

법주사 팔상전, 단면도

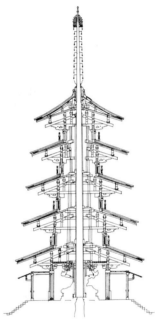

법륭사 오중탑, 단면도

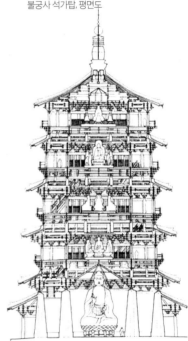

불궁사 석가탑, 단면도

사진1.14 법주사 팔상전

사진1.15 법륭사 오중탑

사진1.16 불궁사 석가탑

(11) 권종남. 2006. 한국 고대 목탑의 구조와 의장 - 황룡사구층탑. 미술문화: 83-134.
(12) 문화재청. 2013. 보은 법주사 팔상전 정밀실측조사 보고서. 문화재청: 32-87.

초고층 빌딩의 정의
DEFINITION OF TALL BUILDINGS

초고층 빌딩의 정의

초고층 빌딩이란 무엇인가? 초고층(Tall Buildings)이라는 단어는 무엇을 의미하고 어떻게 명시하는가? 초고층 빌딩들은 높이에 따라 어떻게 구분이되는가? The Council on Tall Buildings and Urban Habitat(이하 CTBUH)에 따르면 "무엇이 초고층 빌딩인지 정하는 명확한 기준은 없다." 라고 명시한다.[13] 다음은 CTBUH의 Height Criteria에서 명시한 초고층 빌딩의 규정 기준을 인용하여 서술하였다.

1. 초고층 빌딩의 분류법[13]

1-1 주변 빌딩과의 관계

한 건물의 높이는 주변 건물들의 높이에 따라 같은 높이라 할지라도 비교적 높아 보일 수도 있고, 낮아 보일 수도 있다. 한국의 63빌딩이 여의도에 있는 모습만 보아도 매우 높아 보인다. 이는 주변에 비슷한 높이의 건물도 없을 뿐 아니라 매우 광활하고 평평한 사이트 위에 놓여 있기 때문이다. 실제로 63빌딩이 한국에서 제일 높은 빌딩은 아니지만 여의도 근처에서 바라만 보면 제일 높은 빌딩으로 인식된다. 63빌딩이 시카고나 상하이, 뉴욕 등에 놓여 있다고 하면 그 높이는 다른 주변 건물의 중간 정도 오는 높이일 것이다. 이처럼 초고층의 기준은 상대적인 것이다. 주변 건물들과의 관계가 이를 정의하는데, CTBUH에서는 초고층 빌딩의 기준을 주변 건물들과의 관계로 정의한다(다이어그램 1.1).

다이어그램 1.1 CTBUH Criteria for the Defining and Measuring of Tall Buildings
© Council on Tall Buildings and Urban Habitat

1-2 건물의 비율

건물의 비율도 초고층 빌딩을 규정하는 요소가 된다. CTBUH에 따르면, 초고층 빌딩(Tall Buildings)은 높이뿐 아니라 건물의 비율에 따라 정의된다.[13] 높이가 높지 않은 빌딩이지만 폭이 좁고 가늘게 올라감으로써 상대적으로 높은 형태로 보일 수 있고, 반면 빌딩의 높이는 높지만 그 너비가 높이와 같은(또는 높이보다 더 길게) 비율인 경우도 있다. 이 경우에는 단순히 높이만으로는 초고층이라고 분류하기 힘들다. 반면에 어마어마한 건축면적을 가지고 있고, 젓가락처럼 위로 날씬하게 뻗어가는 형태의 건축물은 아니지만, 건축물의 면적이나 다른 요소들이 초고층 빌딩으로서 가져야 할 요소들을 갖추고 있다면 이를 초고층 빌딩으로 인정한다(다이어그램 1.2).[13]

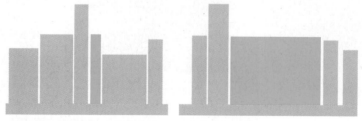

다이어그램 1.2 CTBUH Criteria for the Defining and Measuring of Tall Buildings
© Council on Tall Buildings and Urban Habitat

---

[13] CTBUH. 2014. "What is a Tall Building? and What are Supertall and Megatall Buildings?". *Criteria for the Defining and Measuring of Tall Buildings.* CTBUH: 1.

1-3 초고층 빌딩 테크놀로지

초고층 빌딩을 정의할 때 고려할 수 있는 요소가 한가지 더 있다. 바로 초고층 빌딩 테크놀로지 적극 이용의 여부이다. CTBUH에서는 어떤 빌딩이 높은 높이를 지지하기 위해 특정 테크놀로지를 사용한다면 초고층 빌딩으로 인정하고 있다.[13] 예를 들면, 특정한 수직 동선 테크놀로지를 사용하고 있는 경우나, 풍압을 고려한 구조기술을 적극 이용한 빌딩이라면 초고층 빌딩으로 간주한다(다이어그램 1.3).

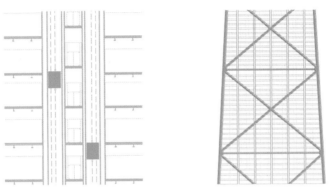

다이어그램 1.3 CTBUH Criteria for the Defining and Measuring of Tall Buildings
© Council on Tall Buildings and Urban Habitat

지금까지 우리는 초고층 빌딩이라고 통일해서 명하고 있지만, 원어로 표기하면 초고층 빌딩(Tall Building or High-rise Building)은 크게 수퍼 톨 빌딩(Super Tall Building)과 메가 톨 빌딩(Mega Tall Building)으로 나눌 수 있다. CTBUH에 의하면 높이가 300미터 이상인 건축물을 '수퍼 톨(Super Tall)' 빌딩이라 정의하고 있고, 높이가 600미터 이상인 건축물을 '메가 톨(Mega Tall)' 빌딩이라고 정의하고 있다. 현재 공식적인 자료에 따르면 2013년 7월 기준으로 전 세계에는 72개의 수퍼 톨 빌딩들이 있고, 2개의 메가 톨 빌딩이 있다고 한다(2013년 완공 건물 기준, 다이어그램 1.4).[13]

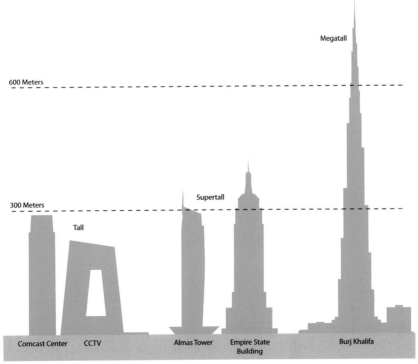

다이어그램 1.4 CTBUH Criteria for the Defining and Measuring of Tall Buildings
© Council on Tall Buildings and Urban Habitat

2. 초고층 빌딩의 높이 측정

CTBUH에서는 크게 세 가지로 초고층 빌딩의 높이를 측정하는 기준을 세웠다. 다음은 높이 측정 기준과 그에 따른 빌딩 높이 순위의 변화에 대한 CTBUH의 기준을 인용하여 서술하였다.

2-1 건축적 오브젝트까지의 높이[14]

건축물이 지상에 면하는 곳의 가장 낮은 곳*부터 건축적 오브젝트까지의 높이를 측정한다. 이는 건축물의 일부로 디자인된 첨탑을 포함하여 측정하는 방법이다.[14] 하지만 첨탑 이외에 안테나, 국기봉이나 건축 외의 다른 기술적인 요소를 위한 오브젝트는 제외한다. 이 방법은 CTBUH에서 'World's Tallest Buildings'를 선정할 때 일반적으로 쓰고 있는 높이 측정 방식이다(다이어그램 1.5).

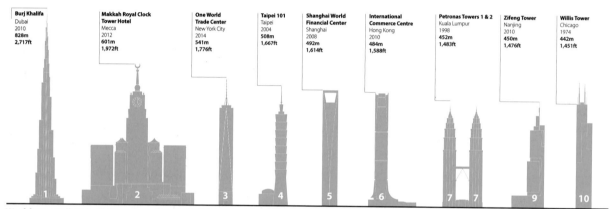

World's ten tallest buildings according to Height to Architectural Top (as of June 2014)   © Council on Tall Buildings and Urban Habitat

다이어그램 1.5 건축적 오브젝트까지의 높이 규정에 따른 세계 최고층 높이 건물들(2014)

2-2 건축물의 최상층까지의 높이

건축물이 지상에 면하는 곳의 가장 낮은 곳*부터 건축물의 최상층의 임대공간**까지의 높이를 측정한다. 즉, 사람이 올라갈 수 있는 층이 있는 곳까지의 높이이다(다이어그램 1.6).[14]

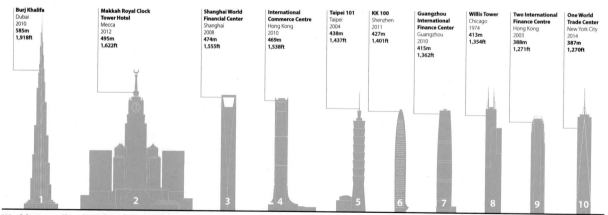

World's ten tallest buildings according to Highest Occupied Floor (as of June 2014)   © Council on Tall Buildings and Urban Habitat

다이어그램 1.6 건축물의 최상층까지의 높이 규정에 따른 세계 최고층 높이 건물들(2014)

---

[14] CTBUH. 2014. "How is the Height of a Tall Building Measured?". *Criteria for the Defining and Measuring of Tall Buildings*. CTBUH: 2.

2-3 건축물의 꼭대기까지의 높이

건축물이 지상에 면하는 곳의 가장 낮은 곳*부터 건축물의 꼭대기까지의 높이를 측정한다. 이는 건축물의 첨탑을 포함하여 안테나, 국기봉이나 건축 외의 다른 기술적인 요소를 위한 오브젝트까지도 모두 포함한다(다이어그램 1.7).[14]

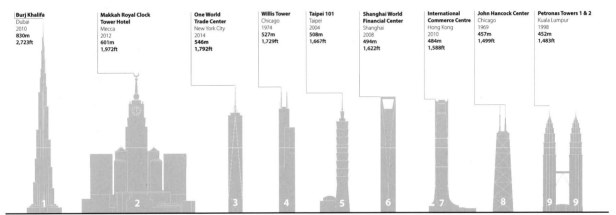

World's ten tallest buildings according to *Height to Tip* (as of June 2014)

© Council on Tall Buildings and Urban Habitat

다이어그램 1.7 건축물의 꼭대기까지의 높이 규정에 따른 세계 최고층 높이 건물들(2014)

---

*건축물이 지상에 면하는 곳의 가장 낮은 곳:가장 낮은 지상층의 가장 낮은 곳에 면한 입구의 threshold에서부터 높이를 잰다. 이 입구는 지상층에 위치해야 하며 주출입구 중 하나 이어야 한다. 선큰가든이나 지하층에 면하는 입구는 제외된다. 이 입구는 완전히 바깥공간과 면해 있는 입구이어야 한다.
**최상층의 임대공간:사람의 동선이 닿을수 있는 최상층의 공간을 말하며, 안전하고 합법적으로 구성된 입주자와 빌딩 관리자와 방문객 등을 위한 공간이어야 한다. 최상층 임대공간으로 높이를 측정하는 층간으로는 빌딩 관리의 차원에서 임시로 접근하는 서비스공간이나 기계설비공간은 제외된다.

3. 초고층 빌딩의 용도

초고층 빌딩들의 용도를 시대별로 보면 초기의 초고층 빌딩의 대부분은 오피스, 즉 업무시설로 구성되어 있다. 하지만 어느 순간부터 점점 초고층 빌딩의 용도는 복합적으로 변화하고 있다. 초고층 빌딩에서 말하는 복합적 용도(Mixed Use)는 정확히 무슨 의미일까? 또 초고층 빌딩의 용도는 시대별로 어떻게 변화해왔을까?

3-1 단일용도의 초고층과 복합용도의 초고층(A Single-Function Tall Buildings Vs a Mixed-Use Tall Buildings)
CTBUH에서는 단일용도의 초고층 빌딩에 한 가지 용도가 건물 전체 면적의 85% 이상으로 사용될 경우를 단일용도(Single-Fuction Tall Buildings)로 정의한다(다이어그램 1.8).[15] 복합적 용도의 초고층 빌딩이란 두 가지 또는 두 가지 이상의 용도를 가진 건물을 일컫는다. 각각의 용도는 전체 건물의 공간에서 일정한 정도의 공간을 차지하고 있어야 한다. 여기서 말하는 일정한 정도란 다음과 같이 정의한다.[15] 각 용도는 건물의 전체 연면적의 15% 이상, 혹은 건물의 전체 높이의 15% 이상이 되는 부분을 사용할 경우이다. 하지만 Super Tall Buildings*에서는 약간의 예외가 성립된다. 가령 150층의 타워에서 20개 층이 호텔로 사용된 경우라도, 비록 호텔의 비율이 15%를 넘지 않는다 하더라도 이 타워는 명백히 복합시설의 초고층 빌딩이라고 할 수 있다. 주차장이나 기계 · 설비시설공간과 같은 초고층의 부대시설은 이러한 용도 분류에는 포함되지 않는다.[15]

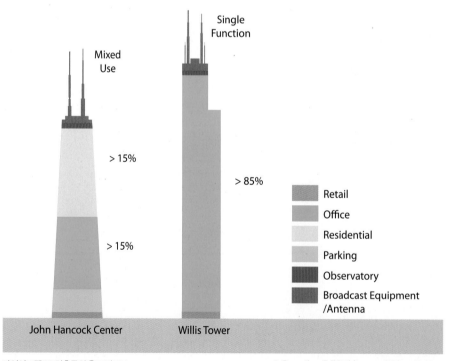

다이어그램 1.8 건축물의 용도 비교도   © Council on Tall Buildings and Urban Habitat

---

[15] CTBUH. 2014. "Building Usage". *Criteria for the Defining and Measuring of Tall Buildings*. CTBUH: 4.
[16] CTBUH. 2012. "100 Tall Buildings by Function each decades from 1930-2012". *CTBUH 2012 Asia Ascending – Recent Global Trends in Tall Buildings*. CTBUH.

3-2 초고층 빌딩의 용도의 변화

초고층 빌딩의 용도는 초기에는 대부분이 오피스, 즉 업무시설이 주를 이루었다. 시간이 흐르면서 초고층 빌딩의 용도는 단일용도에서 복합용도로 변화하고 있다. CTBUH 2012년 상하이 컨퍼런스의 'Recent Global Trends in Tall Buildings: Location, Function & Structural Material' 보고서에 따르면 오피스가 주를 이루던 초고층 빌딩은 차츰 복합적인 용도로 변하는 것을 알 수 있다.[16] 특히 최근 2010년부터 눈에 띄게 이러현 변화를 보인다. 아래 다이어그램을 보면 총건축면적의 약 12%에서 38%가 오피스 외 다른 용도로 쓰이고 있음을 확인할 수 있다(다이어그램 1.9).

이렇게 초고층 빌딩의 용도가 단일용도에서 복합용도로 바뀌는 이유는 무엇일까? 답은 주거시설의 비율에 있다. 최근들어 주거시설이 초고층에 많이 들어서기 시작했다. 그 비율을 점점 늘고 있는 추세이다. 하루가 다르게 개발되고 있는 도시의 변화가 이러한 변화를 만들고 있다. 현대사회의 주거 개념은 자연적인 공간에 가깝기보다 상업시설과 공간에 가까워지고 있는 실정이다. 이는 도시밀도의 변화와도 상관관계가 있다. 도시의 발전은 자연스럽게 도시 밖에 있는 주거시설을 도시 안으로 끌어왔으며, 그 도시의 중심에 있는 초고층 빌딩 안으로 주거시설이 들어서기 시작한 것이다.[16]

주거시설이 초고층 빌딩에 비교적 많은 비율로 들어서면서 얻게 되는 기술적 편의성도 있다. 주거시설은 오피스시설과 다르게 상대적으로 유닛당 면적이 작다. 세분화되어 있는 평면구조는 초고층 빌딩의 내구성을 더욱 높여준다. 풍압이나 구조 또는 다른 기술적 고려 요소들을 작은 유닛의 구조가 효율성을 높일 수 있도록 돕는다. 또한 주거시설에 필요한 엘리베이터 시스템은 오피스의 요구조건보다 더 적다. 이렇게 여러 가지 면에서 초고층 빌딩에 주거시설이 늘어나는 추세는 계속 확장될 전망이다.[16]

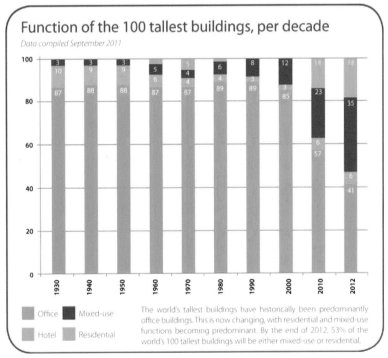

다이어그램 1.9 100 TALL BUILDINGS BY FUNCTION EACH DECADES,FROM 1930-2012
CTBUH 2012 ASIA ASCENDING- RECENT GLOBAL TRENDS IN TALL BUILDINGS
© Council on Tall Buildings and Urban Habitat

---

*Super Tall Building :CTBUH에서는 높이 300m 이상(984피트)의 초고층을 Supter Tall Building이라고 규정한다. 자세한 사항은 p.15 참조.

초고층 빌딩의 도시적 · 사회적 영향
INFLUENCES OF TALL BUILDINGS

왜 초고층 빌딩인가?

높은 건물을 짓고자 하는 열망은 시대를 막론하고 꾸준히 있었던 것으로 보인다. 고대의 첨탑들이나 현대의 고층 빌딩들은 좀 더 높고 상징적인 건축물을 짓고자 했던 욕구의 표출일 것이다. 하지만 요즘 한국에서는 초고층 빌딩에 대한 긍정적인 전망과 회의적인 전망이 충돌한다. 우리에게 초고층 빌딩은 반드시 필요한 것일까? 초고층 빌딩을 짓는다는 의미는 건축적으로, 또 사회적으로 어떠한 의미를 갖는가?

1. 초고층 빌딩의 상징성

초고층 빌딩이 가지고 있는 가장 대표적인 장점은 그것이 가지고 있는 '상징성'이다. 각 도시마다 상징적인 건물들은 대부분이 높이가 높은 건축물이다. 이 건물들이 시각적으로 눈길을 끄는 이유는 자연스럽게 높은 오브젝트에 시선이 가기 때문일 것이고, 그러한 상징성을 인식하여 조금 더 특별한 건물을 건축했기 때문이기도 하다. 이렇게 다양한 디자인의 초고층 빌딩들은 그 도시의 대표적인 상징적 건축물이 된다. 그 예로, 미국의 뉴욕은 월드 트레이드 센터, 엠파이어 스테이트 빌딩, 크라이슬러 빌딩 등이 뉴욕 시를 상징하는 대표적 건축물들이고, 시카고의 존 행콕 타워, 윌리스 타워(구 시어스 타워), 트럼프 타워 등도 시카고를 대표하는 건축물들이다.

한국의 예를 들어보자. 서울을 대표하는 건물이 무엇이라고 생각하는가? 이 질문에 대다수의 일반적인 사람들은 서울의 63빌딩을 얘기한다. '초고층 건축에 관한 한국인 의식 조사 연구'에 따르면, 서울을 대표하는 건물로는 전체 응답자의 71.1%가 63빌딩으로 응답하였으며, 다음으로는 종로 타워(5.8%), 무역센터(5.8%), 포스코 빌딩(3.3%) 등으로 인지하고 있는 것으로 나타났다. 건축전문가 그룹과 일반인 그룹의 설문 결과는 유사하게 나타나고 있다.[17] 수많은 건축가들에 의해 지어진 건물들이 많지만, 대부분의 사람들은 서울의 대표적 건축물로 63빌딩을 제일로 뽑는 것이다. 현재 63빌딩보다 더 높은 건물들이 올라서고 있지만, 한 번 자리 잡은 '제일 높은 빌딩'이라는 인상은 크게 각인되어 있다. 여러 도시의 예를 통해서 알 수 있듯이, 사람들의 인식 속에 크게 자리 잡은 상징적인 빌딩들은 대부분이 초고층 빌딩이다.

이러한 초고층 빌딩의 상징성에 대해서 또 다른 해석을 할 수도 있다. 초고층 빌딩이 계획되고 시공되는 과정에서, 대중들은 익숙하지 않은 전망이나 주위 환경의 변화로 새로운 초고층 빌딩을 혐오하거나 이슈를 만드는 대중심리가 있다. 그 대표적인 예로, 시카고의 트럼프 타워(Trump Tower)를 들 수 있다. 트럼프 타워가 시공되기 이전에는 시카고의 가장 높은 마천루는 1970년대 후반에서 1980년 초에 건설된 존 행콕 타워(John Hancock Tower)와 윌리스 타워(Willis Tower, 구 Sears Tower)였다. 약 20년이 흐르는 동안 시카고의 최고 높은 마천루는 이 두 개의 건축물이 대표적이었고, 시카고 시민들의 사랑을 받은 대표적인 최고의 초고층 빌딩이었다.

2000년대 초, 애드리안 스미스(Adrian Smith)가 디자인한 트럼프 타워(Trump Tower)가 시카고에 세워지게 되었을 당시 시카고 지역 주민들은 공사를 달가워하지 않았고, 새로 올라가는 마천루를 그다지 반기지 않았다. 공사하는 내내 트럼프 타워는 지역 언론에서 부정적인 이야기를 할 뿐이었지만, 세월이 흘러 타워가 완공이 되고, 그 주변 수공간까지 건축주인 도널드 트럼프(Donald Trump)의 기부로 개선된 모습을 보며, 시카고 시민들에게 트럼프 타워는 부정적인 이미지보다 긍정적인 이미지가 점점 증가하게 되었다. 현재 트럼프 타워는 존 행콕과 윌리

---

[17] 신성우 외. 2007. "초고층 건축에 관한 한국인 의식 조사 연구". 초고층 건축물 디자인과 설계기술. 기문당.

스 타워를 이은 시카고를 대표하는 상징적인 아이콘으로 자리 잡고 있다.

비슷한 사례로 한국의 롯데 타워를 들 수 있다. 2015년 현재, 한국에서 시공 중인 롯데 타워(높이 555m)는 디자인과 시공적인 면에 대해 많은 이슈를 낳고 있다. 마천루의 계획이 진행될 때마다 끊임없이 반복되는 사회적 이슈와 그 타워가 가지는 잠정적인 상징성을 고려한다면, 현재 우리에게 이슈가 되고 있는 이 새로운 초고층 빌딩은 또 다른 아이콘이 탄생하기 위한 불가피한 시간을 보내는 것이 아닐까? 초고층 빌딩은 시대를 막론하고 사회적으로 이슈를 가지고 오지만, 시간이 흐를수록 초고층 빌딩의 사회적 · 문화적 · 도시적인 의미가 점점 커지고 그것의 상징성이 굳게 형성된다는 사실은 부정할 수 없는 사실이다.

사진 1.17 롯데 타워, 서울

사진 1.18 시카고 트럼프 타워 전경

사진 1.19 시카고 다운타운 전경 - 왼쪽에 존 행콕 타워, 오른쪽에 시어스 타워, 그리고 가운데 트럼프 타워가 보인다.

2. 초고층 빌딩과 도시밀도와의 관계

초고층 빌딩이 가지고 있는 대표적인 장점으로 도시밀도를 해소시킬 수 있다는 점이 있다. 가령 일정 면적의 대지가 있다고 가정한다면,

> (1) 일정 유닛의 여러 개의 건물을 저층 수평 방향으로 나열해 지을 경우와(다이어그램 1.10 A)
> (2) 위와 같은 면적을 하나의 건물로 수직적으로 지을 경우가 있다(다이어그램 1.10 B).

수평적으로 저층부의 건물들을 여러 개 짓는 경우를 생각하면 대지의 대부분을 건축을 위한 용도로 써야 하는 반면에, 수직적으로 집약적인 건축을 지을 경우는 대지 위에 차지하는 면적은 현저히 작으면서도 같은 밀도를 가질 수 있다. 또한 남은 대지공간을 녹지공간이나 다른 편의시설 등으로 전환해서 사용할 수 있는 유동성이 생긴다(다이어그램 1.10). 이렇게 초고층 빌딩은 적은 면적의 대지를 위한 매우 효과적인 건축물 타입이라고 볼 수 있다.

초고층 빌딩이 과연 친환경적인 솔루션인가 아닌가에 대한 논의가 될 때에는 이런 도시밀도와의 관계성이 가장 대두된다. 초고층 빌딩이 들어서고 남은 대지공간을 어떻게 사용하느냐에 따라서 초고층 빌딩 그 자체의 친환경적 요소도 극대화가 될 수 있기 때문이다. 예를 들면, 급격히 현대화된 도시에서는 도시밀도를 높히는 데 집중하여 대지 위에 꽉 들어차게 건축물을 세우기도 하였다(사진 1.20). 대지를 건축물들로 가득 채우는 방법은 밀도를 높이는 목적에는 부합하지만 상대적으로 낮은 녹지 공간과 적은 부대시설공간으로 거주민들과 사용자들에게 쾌적함을 주기는 어렵다. 반면에 소수의 초고층 빌딩들은 같은 건축 면적 안에 수직적으로 밀도를 높이기 때문에, 밀도의 수요를 충족해줌과 동시에 나머지 대지공간을 도시의 질을 향상시킬 수 있는 녹지공간과 공용공간으로 채울 수 있는 여지를 준다(사진 1.21). 따라서 초고층 빌딩의 건축이 더 많은 쾌적한 도시편의시설들을 제공할 수 있고, 조금 더 환경친화적인 요소를 제공할 수 있는 가능성이 많다.

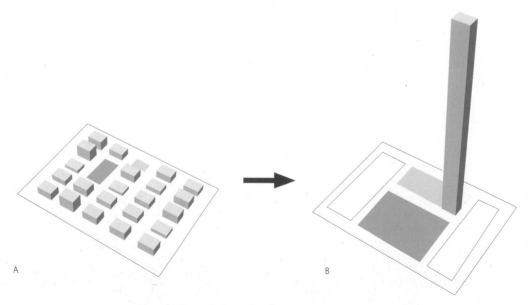

다이어그램 1.10 같은 면적 안에 빌딩들이 나열되는 경우와 초고층 빌딩이 들어서는 경우를 비교하는 콘셉트 다이어그램.
초고층 빌딩을 배치할 경우, 모든 용도의 수요와 공급을 만족함과 동시에 매우 큰 공개공지 또는 녹지공간을 제공할 수 있다. 또한 오른쪽 그림에서 보여주는 양옆의 빈 공간은 그 도시가 앞으로 채워가거나 또는 비워갈 수 있는 많은 유연성을 제공할 수 있는 공간이 될 것이다. 그림은 매우 비교를 위한 극단적이며 추상적인 다이어그램이다.

사진 1.20 중국의 심천시의 주거단지(Shenzhen City)[18]

사진 1.21 시카고의 링컨파크에서 다운타운을 바라보는 전망

[18] Chen, Yichao. 2014. Vanke 5th Garden:CombiningModernwithTraditioninChina.NewcastleUniversityUrbanDesignBlog.29May.2014,<http://2013-2014.nclurbandesign.org/generic-post/the-village-combining-modern-with-tradition-in-china/>.

3. 초고층 빌딩의 사회적 인식

초고층 빌딩에 대한 일반적인 사람들의 인식은 개인차가 매우 크다. 또한 각 국가별, 시대별 인식의 차이가 극명하다. 초고층 빌딩에 대한 사람들의 인식을 2007년 통계화한 자료를 살펴보자.

　　　'초고층 건축에 관한 한국인 의식 조사 연구'의 통계를 분석해보면, 대다수의 사람들이 초고층 빌딩의 필요성을 긍정적으로 생각하고 있다는 것을 알 수 있다. 초고층이 필요한 이유에 대한 분석을 보면, 전체 응답자의 41.9%가 '과밀 해소'라고 응답하였고, 다음으로 '랜드마크 역할'이 41.0%, '도시 이미지 개선'이 12.8% 등으로 나타났다. 이 연구에서는 흥미로운 조사가 몇 가지 있었는데, 그 중 하나는 초고층 빌딩의 거주 선호도 조사이다. 초고층 빌딩의 용도에 대한 선호 및 인지에 대한 조사로는 주거용도와 사무용도로 분류하여 설문하였고, 응답자별 분포로는 건축전문가 그룹의 경우 '예' 42.3%, '아니오' 57.7%이며, 일반인 그룹의 경우 '예' 19.4%, '아니오' 80.6%로, 건축전문가들에 비해 일반인들의 초고층 주거 선호는 매우 낮은 것으로 나타나고 있다. 세부적인 분석을 보면, 초고층 빌딩에 대해 친밀감이 높은 사람들일수록, 초고층 주거의 거주 여부에 긍정적인 반응이 나타난 것으로 보인다. 또한 거주하고자 하는 그룹에게 그 이유를 물었을 때에는

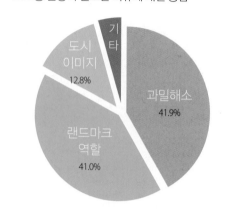

• 초고층 빌딩이 필요한 이유에 대한 응답

기타

도시
이미지
12.8%

과밀해소
41.9%

랜드마크
역할
41.0%

• 초고층 빌딩의 용도에 대한 선호 및 인지에 대한 조사

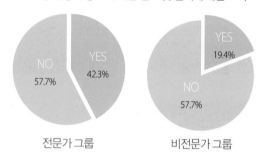

NO
57.7%

YES
42.3%

YES
19.4%

NO
57.7%

전문가 그룹　　　　　비전문가 그룹

다이어그램 1.11 '초고층 건축에 관한 한국인 의식 조사 연구'의 통계 다이어그램

전체 응답자의 47.6%가 '전망' 때문이라고 대답하였으며, 그 다음으로는 '생활편의'가 35.7%, '새로운 주거형태에 대한 호기심'이 9.5%로 나타났다.[19] 일반인 그룹에서 초고층 거주에 대해 확연히 부정적인 시각을 가지는 것은 아직 한국에 대중의 마음을 사로잡는 초고층 빌딩이 들어서지 않아서일까? 또는 초고층 빌딩에서의 업무나 거주의 기능이 익숙하지 않아서일까?

　　　최근에 한국에서 롯데 타워* 건설에 대해 많은 여론이 형성되고 있다. 대한민국에서 들어서는 최초의 수퍼 톨 빌딩(높이 555m, CTBUH의 기준에 따라 수퍼 톨 빌딩으로 분류, p.15 참고)이며, 해외사인 KPF(Kohn Pedersen Fox)에서 디자인하고 국내사에서 건설 중인 프로젝트이다. 혹자는 새로운 초고층 빌딩인 롯데 타워가 이 도시에 건설되는 것을 반길 수 있겠지만, 혹자는 익숙하지 않은 규모의 새로운 존재를 부정적으로 받아들일 수 있다. 초고층 빌딩에 대한 대중의 인식을 분석해보면, 처음 접하게 되는 초고층 빌딩에 대하여 대중들의 인식은 대다수 부정적이다. 하지만 시간이 흐를수록 대중들은 주변에 위치한 초고층 빌딩의 존재에 점점 익숙해져 가고, 어느 순간부터는 도시와 시대를 상징하는 빌딩으로 인지하게 된다. 이러한 패턴은 수많은 초고층 빌딩들의 사례에서 살펴볼 수 있다.

[19] 신성우 외. 2007. "초고층 건축에 관한 한국인 의식 조사 연구". 초고층 건축물 디자인과 설계기술. 기문당.

시카고의 대부분의 초고층 빌딩들도 시대에 따라서 그 인식이 변화해왔다. 초고층 빌딩의 집약지인 시카고에서는 2014년 초고층 빌딩들의 미래에 대한 고찰을 전문가들과 논의하는 작은 컨퍼런스가 열렸다. 여기서 의논된 사항은 초고층 빌딩이 도시적으로 가지고 있는 대표적인 이미지는 무엇이며, 노화되고 있는 초고층 빌딩들을 미래에 어떻게 사용하고 관리해야 하는지에 대한 고찰이었다. 정답을 내릴 수 없는 질문들이지만, 초고층 빌딩이 가지는 상징성은 완공된 후의 시점부터의 시간과 비례 한다는 점은 확실하다. 초고층 빌딩이 오래될수록 그 건축물이 가지는 상징성은 매우 높다. 이러한 기존의 초고층 빌딩을 허물고 다시 새로운 건축물로 재건한다고 한다면 오히려 사회적으로 부정적인 영향을 가지고 올 수 있다는 의견이 많다. 초고층 빌딩이 가지고 있는 상징성이 시간이 갈수록 너무 강해져, 그 빌딩의 이미지를 그대로 간직하면서 노후한 설비시설(MEP)과 외벽(Exterior Wall) 등을 교체하는 방식의 소극적인 리노베이션을 추진하는 것이 현재로서 가장 적합하다는 결론을 내리게 된다. 초고층 빌딩이 갖는 사회적 인식을 적극 고려한 미래 지속적인 개발을 제시하는 아이디어라고 생각한다.

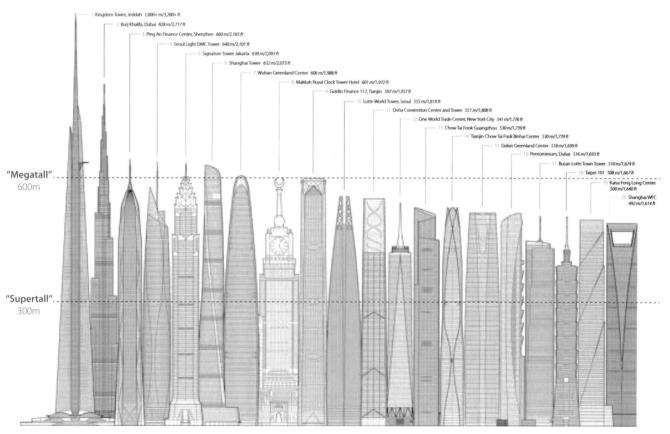

다이어그램 1.12 Diagram of the predicted world's 20 Tallest in the year 2020 as of Dec 2011　　　　　© Council on Tall Buildings and Urban Habitat

CTBUH에서 2011년에 정리한 2020년 안에 완공될 계획인 초고층 빌딩들을 높이별로 표현한 다이어그램이다. 시간이 흐르면서 약간의 변동이 있을 정보이지만, 대부분은 현재 계획대로 시공 중인 메가 톨 빌딩(Mega Tall Building, 높이 600m 이상)들의 상위 20위를 표현한 것이다. CTBUH에서는 10년 단위로 이 데이터를 만드는데, 항상 상위권에 들어 있던 윌리스 타워(구 시어스 타워)가 보이지 않는 다는 점이 매우 흥미롭다. 윌리스 타워는 1973년부터 1998년까지 세계 최고층 건물이었고, 2013년 뉴욕 시에 원 월드 트레이드 센터가 건설되기 전까지 서구권에서 제일 높은 건물이었다. 초고층 빌딩의 새로운 세대가 엄청난 속도로 탄생되고 있다는 것을 알 수 있게 하는 다이어그램이다.

---

*롯데 타워 : 2011년에 CTBUH에서 발표한 '20 TALLEST BUILDINGS IN 2020'를 보면 롯데 타워의 위상을 알 수 있다. 2011년 기준으로 2020년 안에 준공될 빌딩들 중에서 롯데 타워는 10위를 기록하고 있다.

4. 초고층 빌딩의 도시적 영향

도시의 사회기반시설(Infrastructure)이 거의 없는 대지에 건축물들을 세워 도시를 만들거나 발전시키는 경우에, 초고층 건물이 미치는 영향은 크다. 초고층 빌딩이 들어서고 난 후에 도시의 사회기반시설이 설립되는 것인가? 또는 도시의 사회기반시설이 구축되고 난 후에 초고층 빌딩을 계획해야 하는 것인가? 필자도 이에 대해 분명히 답하기가 애매하다. 하지만 필자의 경험으로 미루어보아 대부분의 초고층 빌딩들은 도시의 사회기반시설을 구축하고, 재설립하고 있는 도시에서 초고층 빌딩을 계획하고 있다는 것을 알 수 있었다. 그러니 둘 다 동시에 진행되어야 한다는 입장이다. 초고층 빌딩들이 들어서면 그에 맞는 도시의 사회기반시설들이 구축되어야만 한다. 사회기반시설 없이는 초고층 빌딩이 홀로 버티지 못한다. 도시의 사회기반시설들도 마찬가지이다. 한 가지 주목할 점은 초고층 빌딩이 생기기 시작한 도시나 지역에서는 또 다른 초고층 빌딩이 생겨난다는 점이다. 이는 하나의 초고층 빌딩의 건설을 통해 또 다른 초고층 빌딩들이 주변에 들어설 수 있는 기반을 세워주기도 한다는 것을 대변하는 것이다(사진 1.22, 1.23).

대표적인 예로 중국의 상하이를 보자. 중국 상하이는 현재 초고층 빌딩의 밀집지역으로 유명하다. 전 세계의 유명 건축가들의 디자인으로 지어진 초고층 빌딩이 수십 개에 다다르며, 초고층 빌딩의 밀집 도시로 두바이, 뉴욕, 시카고에 이어 명성이 높은 도시이다. 상하이의 1990년대 사진을 보자(사진 1.24). 약 20년 전만 해도 상하이의 푸동 지구에는 아무 것도 없었다. 하지만 20년 뒤(사진 1.25) 상하이의 푸동 지구는 그야말로 초고층 빌딩의 중심지로 우뚝 섰다. 두바이의 경우도 마찬가지이다(사진 1.26). 수십 개의 초고층 빌딩들이 계획·건설되었고, 지금도 그것은 진행 중이다. 이는 초고층 빌딩들이 하나둘씩 들어서면서 도시적 사회기반시설이 설립되었기 때문에, 초고층 빌딩이 들어설 수 있는 최적의 조건이 갖추어져 가능한 일이었다. 부르즈 할리파 등 많은 초고층 빌딩들이 들어서면서 그 빌딩들의 영향으로 또 다른 초고층 빌딩을 탄생시킬 것이다. 초고층 빌딩의 건축은 또 다른 초고층 빌딩을 낳는다.

사진 1.22 중국 상하이 년도별 위성사진, PHOTO FROM Google Earch ⓒ2014 ImageGlobe
불과 2000년만 해도 Google Earth에는 빈 대지들만 보이지만 약 10년 후 드라마틱한 변화를 눈으로 확인할 수 있다.

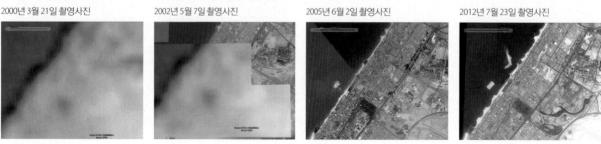

사진 1.23 아랍에미리트 두바이 년도별 위성사진_ PHOTO FROM Google Earch ⓒ2014 ImageGlobe
불과 2000년만 해도 위성사진이 찍히지 않을 정도로 도시의 형태가 잘 보이지 않지만, 약 10년 후에는 도시 전체가 큰 발전을 한 것을 알 수 있다.

사진 1.24 중국 상하이 푸동 지구, 1990

사진 1.25 중국 상하이 푸동 지구, 2013

사진 1.26 이랍에미리트 두바이, 2009

제2장

초고층 빌딩의 디자인 방향
MORPHOLOGICAL DESIGN METHOD OF TALL BUILDINGS

2.1 초고층 빌딩의 디자인 고려요소
DESIGN ELEMENTS OF TALL BUILDINGS

초고층 빌딩 = 도시의 진화된 형태 또는 도시의 부조화
TALL BUILDINGS = THE FORM OF EVOLUTION OF THE URBAN CONTEXT OR INVASION OF THE URBAN CONTEXT

자연의 생명체들은 몇 억 년 또는 몇 만 년을 걸치는 진화의 과정(Evolutionary Developmental Biological Process)을 통해 시대의 환경에 최적화된 형태를 갖거나, 그렇게 되기 위한 과정을 반복하며 진화해왔다. 인간은 또한 이러한 진화의 과정을 통해 삶의 방식이나 생활습관을 반복하며 변해간다. 기본적인 삶의 요소인 주(宙)도 이와 맞추어 변해왔고, 현재에도 지속적으로 주거공간의 의미와 형태는 변형되어 가고 있다.

이러한 현상은 건축에서는 무엇을 의미할 수 있을까? 우리가 살고 있는 일상생활, 행동반경, 이웃, 문화 등이 모여 하나의 집합체를 이루고 그 단위가 넓어져서 하나의 도시를 만드는 '도시적 콘텍스트(Urban Context)'를 형성한다. 이러한 과정들도 하루 아침에 생겨난 것이 아닌, 자연의 생태 형태과 같이 생활 · 문화적 진화와 변화를 통해 형성된 것이다.

그렇다면 다양하고 풍부한 '도시적 콘텍스트' 속에서 초고층 빌딩이 지어질 때, 초고층 빌딩은 사회적으로 어떠한 역할을 하는가? 어떻게 하면 초고층 빌딩이 그 지역의 도시적 콘텍스트와 어울려 시간의 흐름에 따라 진화하는 자연과 같이, 도시의 진화 과정에서 함께 융화될 수 있을까? 필자는 초고층 빌딩 디자인을 하기 전에 항상 머릿속에 이러한 질문과 의문을 가지고 디자인을 접근하려 하였다. 실무에서의 초고층 빌딩 프로젝트들은 보통 여러 회사와의 경쟁을 통해 선택되는 경우가 많다. 필자는 실무에서 여러 설계 공모전(Competitions)을 작업하면서, 빌딩 디자인의 초기 단계부터 참여하여 완공이 되는 과정의 경험을 통해 즐거움과 괴로움을 느낄 수 있다. 경쟁 회사의 디자인을 보면서 우리의 디자인이 그들보다 디자인과 효율성에서 우월하다고 믿었지만 고배를 마시는 경우도 있고, 예상하지 못한 면에서 높은 평가를 받으며 프로젝트를 따낸 경우도 있다. 결국 가장 결정권을 가지고 있는 건축주의 마음을 사로잡는 것이 승락을 좌우하는 경우도 많이 있다. 때로는 건축물의 디자인이 그 도시에 얼마나 적합한지 아닌지의 여부가 중요한 선택사항이 되는 경우도 있고, 또는 아닐 때도 있다. 머릿속의 이상과 현실의 괴리가 마주쳤다고 느끼는 순간이다.

하지만 필자는 초고층 빌딩들은 그 도시의 상징성과 미래가 직접적으로, 또는 간접적으로 연관이 되기 때문에 그 도시만이 가지고 있는 특색과 문화적인 면을 얼마나 많이 포괄하며, 표출하는지가 중요하다고 생각한다. 현실 속의 초고층 빌딩 디자인은 규모가 작고 높이가 낮은 다른 건축물들에 비해 비교적 많은 제약적인 요소들이 디자인에 영향을 미친다. 도시의 법규적 제약(Building Code), 풍압(Wind Load)과 구조적 영향(Structure Load), 설비시설의 특이성(MEP), 건축물의 배치방향(Orientation), 구조적 시스템(Structural System), 용도(Program), 문화적 요소(Cultural Aspect), 건축주의 요구사항(Client's Requests) 등, 빌딩의 순수 디자인에 영향을 미치는 요소는 셀 수 없이 많다. 이 장에서는 초고층 빌딩의 디자인에 고려해야 할 사항들을 알아보고, 그에 대한 예시의 건축물을 보며 이해를 돕도록 하겠다.

사진 2.1 상하이, 중국

사진 2.2 두바이, 아랍에미리트

1. 문화적 · 종교적 특성과 초고층 빌딩 디자인과의 관계

CTBUH의 2014년 1월의 자료에 따르면, 현재까지 전 세계 초고층 빌딩 높이의 순위(1~10위)의 대부분이 중국과 중동 지역의 비중이 높다는 것을 알 수 있다(다이어그램 2.1). 또한 현재 계획 단계에 있거나 시공 중인 초고층 빌딩들의 목록을 봐도(2020년 안에 지어질 초고층 빌딩의 목록, 다이어그램 2.1~2.2 참고) 이와 같은 편중현상을 볼 수 있다. 초고층 빌딩 설계 시 중국과 중동 지역의 역사와 문화, 종교적 특성과 밀접한 관계를 가질 가능성이 더 많다. 특히 중동 지역의 이슬람교의 역사와 문화, 규율은 건축 디자인에 많은 영향을 미친다.

　　예를 들어 중국의 경우, 무슬림들에게서 이슬람의 다섯 기둥(Five Pillars of Islam)은 반드시 지켜야 할 의무이며 삶이다. 이러한 의무는 그들이 생활하는 삶의 공간에서 방해를 받으면 안 되는 요소이다. 특히 무슬림에게 메카의 위치와 방향은 매우 중요하다. 위치는 북위 21도 25분 24초, 동위 39도 49분 34초에 위치한 메카의 카바 방향으로 하루에 다섯 번 예배를 드린다. 이와 같은 메카의 위치는 그들의 삶에서도 많은 연관이 있다. 그 예로, 주거의 평면 레이아웃을 디자인할 때, 사람들의 동선은 메카를 향해 머무르면 안 되도록 디자인해야 하며, 메카를 등지고 있어서도 안 된다. 부엌의 싱크대가 메카를 향하고 있어도 안 되며, 화장실의 변기의 방향 또한 마주 보거나 등지고 있으면 안 된다. 이로 인해 사람의 동선이 정체되어 있는 가구나 시설 등은 메카와의 정방향에서 틀어진 방향으로 평면 디자인이 되어야 한다. 이런 부분은 아주 중요한 설계 지침이므로 초기 디자인에서 염두를 하고 시작하여야 한다. 실제로 이런 부분을 초기에 간과하여, 디자인 진행 도중에 평면이나 빌딩의 형태(Massing)를 바꾸는 일이 생기기도 한다.

　　한편 중국의 경우는 모든 토지가 국가 사유이며, 사용자는 용도별로 40~70년간 사용권을 받고 있다. 토지 사용권을 취득한 개인이나 기업은 국가에 토지 사용료를 납부하여야 하며, 개발하지 않고 보유를 할 수 없다. 그래서 중국의 개발 회사들은 엄청난 규모의 도시 계획을 끊임없이 하고 있으며, 지속적인 투자를 하고 있다. 이러한 계획 속에 수많은 초고층 빌딩의 계획 또한 쏟아져 나오고 있으며, 프로젝트들이 시공되어 완공되어 가는 중이다. 중국의 경우, 중국만의 문화적인 부분이 건축에 많은 영향을 미치는 경우가 많다. 중국 건축물은 오래된 역사에 스며 있는 웅장함과 거대함이 과거에서 현재에 이르기까지 스며들어 이어져왔다. 또한 자연과 연관된 조형물의 애착과 화려한 장식, 색채는 중국 건축물의 특징이다. 특히 중국에서는 숫자 8의 형태를 행운의 숫자라 여겨 건물에서도 이런한 문화적 부분이 반영된 디자인이 많이 있다. 중국의 전통 모양인 8각형의 누각을 상징하는 플랜을 가진 진마오 타워가 한 예이다(사진 2.3~2.4). 또한 풍수학을 통해 건물의 위치와 방향, 형태까지 영향을 준다고 믿는다. 그 예로, 중국 프로젝트를 진행하던 중에 건축주의 요구로 우리의 디자인이 풍수지리적으로 얼마나 좋은지, 또는 어떤 안 좋은 면이 있는지에 대한 분석을 의뢰 받은 적도 있었다. 때로는 삼각형의 뾰족한 형태보다 둥근 형태가 풍수에 유리하다는 이유로 빌딩의 디자인 형태가 바뀐 경우도 있다. 건축주는 중국의 문화적 특성상 이런 풍수지리학자의 의견을 최대한 많이 수렴하려고 하는 경우도 빈번하다.

　　이처럼 건축가는 각 나라만이 가지고 있는 독특한 문화와 종교, 주거 습성을 초기 디자인 단계부터 인지하고 진행해야 한다. 중동과 중국의 문화뿐 아니라 프로젝트가 진행되는 그 어떤 나라의 문화적 · 역사적 특성을 이해하고 접근해가는 것이 중요할 것이다. 이는 곧 무작위한 개발 속에서 만들어진 건물의 세계적 획일화를 탈피하는 방법도 될 것이다. 초고층 빌딩은 그 지역의 문화, 종교, 생활의 특성을 지니고 있어야 한다.

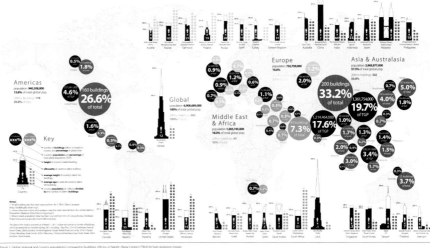

다이어그램 2.1 CTBUH Criteria for 100 future tall-est buildings in the world
© *Council on Tall Buildings and Urban Habitat*

다이어그램 2.2 CTBUH Criteria for Global, regional and country populations compared to buildings 200 m+ in height
© *Council on Tall Buildings and Urban Habitat*

사진 2.3 진마오 타워, 상하이, 중국

사진 2.4 진마오 타워, 상하이, 중국

2. 지리적 특성과 초고층 빌딩 디자인의 관계

지형적 특성과 날씨의 특성은 사람의 삶에 가장 영향을 많이 주는 요소이다. 예로부터 지역의 특성에 따라 그곳의 문화와 생활습관 등이 다르게 진화되고 발전되어왔다. 페루 안데스 산맥의 높은 지형에는 600년 동안 지속되어온 고대 유물의 상징인 잉카제국의 마추픽추*가 있다(사진 2.5). '액시스 문디(Axis Mundi) 사상'을 바탕으로 이곳의 지형은 하늘과 산이 둘러싸고 있고 우르밤바 강의 450미터 위에 위치한 곳으로 공중 도시에 주거, 광장, 농작, 수로 등 필요한 생활요소들이 갖추어져 있다. 잉카인들은 가파른 지형에 적응하기 위해 이곳의 산을 깎아 내려가는 계단식 공법을 사용하였다. 이 방식은 그들에게 음식을 제공할 밭을 일구는 장소가 되었으며, 수로가 지나가는 길이 되었다. 계단식으로 평평하게 만든 지형으로 인해 낮 동안 태양에서 받은 열을 이용해 밤에도 유지하는 수단이 되었고, 약 5도 정도로 기울어진 경사로의 비스듬한 벽은 그 지형을 지탱해주었다. 가장 주목할 만한 요소는, 빗물이 고일 수 있는 장소를 의도적으로 없앰으로써 우기에도 빗물을 스스로 조절할 수가 있어 지형적 열세로 인해 산사태가 일어나는 것을 막아준 지리적 특성을 이용한 도시 디자인이라는 점이다. 현재까지 그 모습 그대로 유지할 수 있는 비법인 것이다(사진 2.6).

이런 지형적 특성은 현대의 초고층 빌딩과 어떠한 관계가 있을까? 초고층 빌딩의 디자인적 관점으로 볼 때, 일반적으로 초고층 빌딩이 들어서는 지형의 특성을 유지하는 경우는 흔치 않다. 초고층 빌딩은 높은 하중을 견디기 위해 평평하고 견고한 지질적인 기반이 필요하기 때문이다. 시카고의 경우를 보면, 시카고의 지반은 암석까지의 거리가 너무 깊고, 그 지반의 형태가 진흙같이 말랑한 형태, 즉 검보(Gumbo)라고 부르는 진흙형태 때문에, 건물의 기초를 짓는 데 어려움이 있었다.[20] 하지만 다니엘 버햄(Daniel Burnham)은 그의 동료 건축가인 존 루트(John Root)와 함께 이러한 시카고의 어려운 지반에서 초고층 빌딩을 위한 공사를 할 수 있도록 건설 기법을 연구하고 실행하였다. 또한 두바이의 사막 지대의 공사도 마찬가지이다. 사막 지대에서는 모래지반을 이용해야 하는데, 부르즈 할리파나 다른 초고층 빌딩들은 대부분 구조적 지지대 역할을 해줄 포디움 빌딩을 먼저 지상에 건설하고, 그 위에 고층 건물을 세워 구조적으로 연결하여 지탱되도록 한다.

이러한 이유로 도시 속에서 지형적 특성이라 하면, 이미 도시화가 이루어진 곳에서의 주위 환경과의 연관성을 이야기한다. 즉, 장소와 교통, 문화, 주위 녹지 환경, 사람의 접근성 등의 관계를 말할 수 있다. 도심 속의 주어진 조건 아래 접근성과 용의성을 극대화시킬 수 있는 방향으로 이끌어내는 것이 현대에서의 지리적 특성을 이용한 디자인이다.

대표적인 사례로 일본의 남바 파크 같은 경우는 예전의 야구부지를 재건설해 149미터, 30층 높이의 고층 건물을 세웠다. 고층 건물 계획안에 시민들을 위한 9층 높이의 옥외공원(총 300여 종, 7만 그루의 나무 식재)을 만들었으며, 그 건물안에는 쇼핑센터 및 시민들을 위한 문화생활공간을 제공하였다(사진 2.7). 이미 전부터 위치해 있던 철로와 도로를 사이에 두고 옥외공원 및 문화생활을 할 수 있는 포디움을 위치해 놓음으로써, 연 2,900만 명이 방문하는 일본의 명소가 되었다. 밀집되고 도시화된 도심 속의 소외된 장소를 시민을 위한 공간과 자연적인 형태를 따른 유기적 디자인의 접근으로 새로운 지형적 특성을 이용한 디자인의 패러다임이다.

---

*Machupicchu:마추픽추(machu picchu)는 페루에 있는 잉카문명의 고대 도시이며,1911년 미국의 탐험가이자 역사학자인 히람빙엄(1875~1965년)이 우르밤바 계곡에서 발견하였다. 마추픽추는 원주민 말로 '나이든 봉우리'를 뜻하는데, 산자락에서는 그 모습을 볼 수 없어 '공중 도시'라는 수식어가 달린다. (출처: 위키백과)

사진 2.5 마추픽추, 페루

사진 2.6 마추픽추 지형 수로 다이아그램

사진 2.7 Namba Park, 오사카. The Jerde Partnership 설계

---

(20) Miller, Donald L. 1997. *City of the Century: The Epic of Chicago and the Making of America.* New York: Simon and Schuster.

3. 기후적 특성과 초고층 빌딩 디자인의 관계

날씨의 경우도 초고층 빌딩의 디자인과 아주 밀접한 관계를 가지고 있다. 특히 지역의 날씨가 매우 덥거나 추울 경우, 초고층 빌딩의 높은 높이와 반복되는 많은 면적을 가지고 있는 특성상 디자인에 따라 에너지의 효율성, 빌딩 유지비, 사용자의 편안함 등이 직접적으로 관련되어 있다.

태양의 위치에 반응하는 건물(Response to Solar Orientation)
중동 지방의 경우 고층 건물에는 태양광의 노출을 최대한 줄이기 위해 특정 방향의 파사드(Façade)에 유리 대신 트레버틴(Travertine) 등의 돌과 같은 재료로 깊숙한 유리창을 디자인을 하기도 하고, 태양을 따라 반응하는 차양 시설(Sun Shading Device)을 이용해 강한 태양으로부터 내부공간을 쾌적하고 시원하게 유지시킬 수 있는 디자인 방법을 이용한다.

　　　　예를 들어, 아부다비에 29층(145m) 높이의 알 바하 타워(Al Bahar Towers, Aedas 설계)가 있다. 이 건물의 특징은 2,000개의 자동 차양 시스템인 스크린 시스템이 있다(사진 2.10).[21] 전체가 유리건물인 외벽에 직접적인 태양을 피하기 위하여 자동 스크린 시스템을 설계하였다. 마쉬라비야(Mashrabiya)라고 하는 전통문양에서 영향을 받은 형태의 차양 스크린 디자인은 태양의 위치에 따라 각각의 유닛들이 움직이며 태양으로부터의 직사광선을 차단해준다(사진 2.8). 삼각형 형태의 유닛이 접히고 펼쳐지며 조절이 된다. 건물 외부의 차양 시스템으로 인해 실내에는 반사광이 줄고, 실내 전등 사용량이 줄어들었으며, 더욱 효과적인 양질의 태양광을 실내에 전해줌으로 써 50%의 열효율이 발생하였다. 이로 인해 매년 1,750톤의 이산화탄소 발생률을 줄이는 효과를 얻은 성공적인 사례라고 할 수 있다.[21] 또한 건물의 옥상에는 태양열 전지(PV)가 설치되어 있고, 이 또한 태양의 움직임을 따라 함께 반응함으로 써 최대한의 효과를 낸다. 외벽의 차양 시스템과 태양열 전지의 효과적인 사용으로 빌딩의 소비 에너지보다 발생 에너지가 더 많은 건물이다.

　　　　또 다른 예로는, 카타르의 도하 타워(Ateliers Jean Nouvel 설계)의 스크린 시스템에 주목할 필요가 있다(사진 2.13). 고대 이슬람의 패턴에서 영감을 얻은 스크린 디자인을 이용해 뜨거운 태양으로부터 열전도를 줄였다(사진 2.12). 238m 높이의 빌딩에 3겹의 스크린 시스템을 사용해, 북쪽에는 25%, 남쪽은 40%, 동쪽과 서쪽에는 60%의 비율의 불투명한 스크린을 만들어 내부로부터의 20% 정도의 열효율의 효과를 얻는다.[22] 또한 여러 겹의 패턴의 레이어 스크린을 사용함으로써 건축물 외부뿐만이 아닌 내부의 공간에서 햇빛이 내려올 때 매우 아름다운 그림자가 그려지는 공간으로 탈바꿈하게 된다. 이는 뜨거운 중동의 태양을 항상 피해야 하는 것만이 아니라, 태양으로 인해 패턴의 그림자가 내부로 들어옴으로써 건축적인 공간으로써 승화시킨 건물 디자인이다.

[21] CTBUH. 2013. "Al Bahar Towers: CTBUH 2012 Tall Building Innovation Award Winner". *CTBUH 2012 Best Tall Building Middle East and Africa Finalist.* CTBUH.
[22] CTBUH. 2012. "Doha Tower". *CTBUH Featured Tall Buildings.* CTBUH.

사진 2.8 Al Bahr Towers, 아부다비 ©Aedas

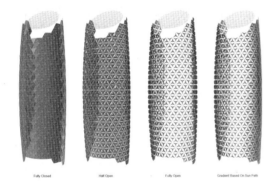

사진 2.9 Al Bahr Towers, 아부다비 ©Aedas

사진 2.10 Al Bahr Towers, 아부다비 ©Aedas

사진 2.11 Doha Tower, 도하, 카타르

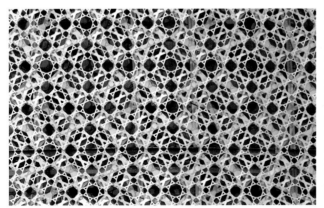

사진 2.12 Doha Tower 패턴레이어, 도하, 카타르

사진 2.13 Doha Tower 야경, 도하, 카타르

2.2 초고층 빌딩의 디자인 접근방식
PRINCIPLE OF FORM GENERATION

1. 기본적인 디자인 접근방식(Design Approach for Basic Building Form)

초고층 빌딩의 디자인은 시대에 따라 많이 변화해왔다. 건설 기술, 구조의 발전으로 인해 초고층 빌딩의 디자인 형태도 매우 자유로워졌다. 하지만 시대가 지나도 초고층 빌딩 디자인의 기본은 기초적인 도형적 형태로부터 시작되는 경우가 많다. 다시 말해 효율성이 높은 공간이 많이 나오는 평면을 기본으로 하며, 구조적으로도 안정적인 느낌의 건물을 선호하는 것이다. 디자인의 형태가 일반적으로 생각하는 범위를 벗어나게 되면 사용자들은(또는 건축주들은) 많은 불편함을 갖는다. 대중들은 IT업체의 빠른 변화에 빠르게 적응해가지만 아이러니하게도 삶의 공간의 변화에 대해서는 적응 시간이 오래 걸린다. 더욱이 건축주들에게는 낯선 디자인의 건물은 결국 추가 비용이 더 소모되는 비싼 건물이라는 인식을 줄 수도 있다. 매우 현실적인 측면에서 보면, 건축주는 이익을 남기기 위해 건물을 지어 투자를 하는 것이기 때문에 건물 안에서 가장 많은 임대공간(Rentable Space 또는 Leasable Space)과 빠르고 정확한 시공을 가질 수 있는 디자인이 가장 좋은 디자인이라는 인식을 할 수도 있는 것이다. 초기 콘셉트 디자인 접근 시 건축주의 강한 의견이 직접적으로 반영되어 디자인이 진행되는 경우도 있지만, 초고층 빌딩이라는 상징성과 사업성을 고려하여 보다 다양한 건축가들에게 디자인 기회를 주어 그 중에서 가장 효율적이면서도 미적인 디자인을 고르는 프로세스가 많이 진행되고 있는 추세이다. 대부분 건축주가 빌딩의 위치, 사이트의 정보, 용도와 높이, 연면적 등 원하는 기본적 요소를 시작하기 전에 이미 제시하며, 주어진 조건 속에서 건축가는 아름다운 건물을 디자인하도록 노력한다. 초고층 빌딩을 디자인하는 데 앞서 건축가는 프로젝트의 위치, 주변 건물과의 관계, 환경과의 연관성과 어울림을 고려해서 디자인에 접근한다. 물론 이 과정에서는 건축가의 주관, 철학, 경험 등과 같은 주관적인 요소들이 영향을 미친다. 초기 콘셉트 디자인이 시작되면 보통 그 대지에 대한 객관적인 정보를 수집, 분석하는 일부터 한다. 객관적인 정보라고 하는 것은 그 프로젝트가 진행되는 국가, 지역의 문화나 날씨, 기후, 역사, 지리 등이 우선적인 고려요소가 된다. 회사에서의 작업 방식은 학교에서의 건축 스튜디오의 연장선이라고 할 수 있다. 수집한 자료나 아이디어를 핀업(Pin-up)하고 직원들이나 파트너와의 회의 과정을 반복한다. 이 과정에서 객관적인 자료를 수집하는 동시에 건축주가 요구한 조건들을 잘 지키고 있는지에 대해 체크를 하며, 이를 바탕으로 디자인을 동시에 발전해 나간다. 주어진 용도와 총연면적을 맞추고, 주어진 조건 안에서 빌딩의 높이를 맞추는 것은 기본적인 요구 조건이므로 정확히 짚고 넘어가야 한다.

주로 실무에서 하는 방법은 주어진 대지와 조건 안에서 얼마만큼의 높이와 연면적을 따라 빌딩의 볼륨이 형성이 되는지 간단한 3D 모델로 확인한다. 각 층의 용도별 면적을 분리하고 분석한다. 이 스터디를 통해 건물의 높이와 면적을 주변 건물과 같이 볼 수 있고, 건물에서 바라볼 수 있는 경관의 유닛도 구분할 수 있다(다이어그램 2.3). 이 작업이 구축이 되면, 초기 매싱 스터디(Conceptual Massing Study)를 진행한다. 주어진 조건이 있으므로, 다이어그램식의 3D 모델의 틀 안에서 디자인의 발전이 가능하다. 디자인 발전 시 고려되는 디자인의 접근방법과 건축적 언어들에 대해 알아보자.

사진 2.14 프로젝트 대지의 접근의 예시 이미지 © googl

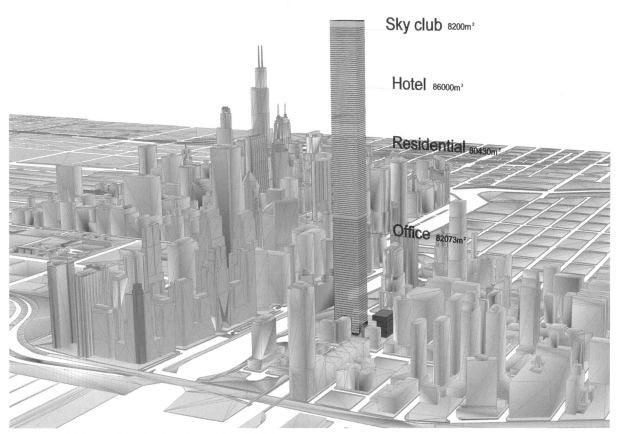

Sky club 8200m²

Hotel 86000m²

Residential 80430m²

Office 82073m²

다이어그램 2.3 빌딩의 볼륨과 면적, 높이를 테스트하는 3D 다이어그램의 예시

2. 풍압과 구조적 관점의 디자인 접근방식(Design Approach Based on Wind Load and Structural Load)

'형태로 바람을 혼돈시켜라'

초고층 빌딩처럼 높이가 매우 높은 건물의 형태에서 가장 직접적으로 미치는 자연적 요소는 단연 '바람'이다. 바람이 빌딩에 미치는 힘을 풍하중(Wind Load)*이라고 한다. 일반적으로 초고층 빌딩은 적은 비용의 건설비와 높은 수익률을 내기 위해서 정사각형이나 직사각형의 형태를 선호한다. 하지만 이러한 형태는 공기역학적인 디자인 형태는 아니다. 직사각형의 형태는 와류 현상(Vortex Shedding)을 일으킨다(사진 2.15). 와류 현상은 건물의 구조에 직접적인 영향을 미친다. 건물 형태에 따라 바람이 직접적으로 받는 면의 Positive한 압력과 면 뒷쪽의 Negative한 압력이 생기며, 이것의 기류가 커지면서 건물은 바람의 방향과 직각의 진동방향으로 흔들리게 된다(풍직각 반응). 이는 곧 구조 컬럼이나 코어의 사이즈를 더욱 굵고 크게 만들어 실질적으로 임대할 수 있는 공간들을 허비하게 되며 재료의 비용이 더 많이 든다.[23]

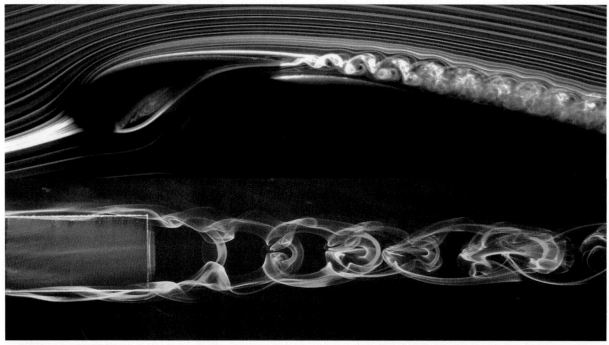

사진 2.15 와류 현상 © S.Makiya

---

[23] Ascher, Kate. 2011. "Building it, Structure, Wind Design". *The Heights: Anatomy of a Skyscraper*. Penguin Press: 58.

*풍하중(風荷重, Wind Load)은 바람에 의하여 구조물에 작용하는 수평 방향의 하중을 말하는데, 일반적으로 고도가 높아질수록 바람이 세기는 강해진다. 현재 『건축구조설계기준』에서의 풍하중은 등가정적 개념에 근간을 둔 것으로, 구조물의 탄성적 거동을 전제로 확률통계적 수법에 의해 정해진 것이다. 이 기준의 풍하중은 구조골조 설계용 풍하중, 지붕골조 설계용 풍하중, 외장재 설계용 풍하중으로 구분하고 각각의 설계풍력 또는 설계풍압에 유효면적을 곱하여 산정한다. 한편 설계풍력 및 설계풍압은 설계속도압, 가스트 영향계수, 풍력계수 또는 풍압계수를 곱하여 산정하고, 다만 외장재의 설계풍압은 가스트 영향계수와 내압, 외압계수를 함께 고려한 가스트 외압계수, 가스트 내압계수에 설계속도압을 곱하여 적용한다. 풍하중 산정에 필요한 각종 계수로는 기본풍속, 노풍도, 중요도계수 등이 있다. 한편 지역별로 구분되어 있는 기본 풍속은 지표면으로부터 10m 높이에서 측정한 10분간의 평균풍속에 대한 100년 재현기대풍속으로, 즉 우리나라 전국 기상관측소의 자료에 근거하여 임의 지역에서 100년 동안 한 번 발생할 가능성이 있는 태풍을 기준으로 한 10분간의 평균풍속을 의미한다. 그리고 이 기준에서는 바람에 의한 동적 영향을 고려하여 강풍의 작용에 의해 풍직각 방향진동, 비틀림진동, 와류진동 및 공기력 불안정진동이 예상되는 건축물은 풍동실험 또는 적절한 해석에 의해 설계하도록 명기하고 있다.

이러한 구체적인 풍압의 수치와 결과는 실제 축소 모형을 제작하여 윈드 터널(Wind Tunnel)을 사용해 실험하고 수치 값을 찾아낸다(사진 2.16). 이 방법은 보통 실제 건물의 1:400 스케일로 축소 모델을 만들고 주변 건물들도 같은 스케일로 만든다. 모형 건물에는 몇 천 개의 센서를 부착시키고 실험을 한다. 거대한 바람을 만드는 Fan을(최대 풍속 100km/hr) 이용하여 실제 대지의 환경과 비슷한 풍향, 풍속, 풍력을 이용하여 가상 실험을 하는 것이다. 곳곳에 붙어 있는 센서들로 인해 어느 부분이 풍압이 강하게 받는지를 데이터베이스로 알려준다. 건물에게 저항이 되는 바람의 방향과 세기는 주위의 빌딩과의 연관성 역시 중요한 변수 중에 하나이다.[24] 이 윈드 터널 테스트를 패스하지 못하면, 건축가는 구조 엔지니어의 조언과 함께 디자인의 변화를 준다. 초고층 빌딩 디자인은 다양한 분야와의 협력을 바탕으로 발전시키는 것이다.

사진 2.16 부르즈 할리파의 윈드 터널 테스팅 사진 Courtesy of RWDI Consulting Engineers ⓒ RWDI

[24] Ascher, Kate. 2011. "Building it, Structure, Wind Design". *The Heights: Anatomy of a Skyscraper*. Penguin Press: 59.

초고층 빌딩 디자인은 초기 콘셉트 디자인 단계에서부터 많은 시간과 협력이 필요하다. 때로는 이런 프로세스가 프로젝트 전체의 스케줄에 영향을 미치기도 한다. 윈드 터널 테스트를 시간 내에 패스하지 못하고 피드백을 빠른 시일 내로 받지 못한다면, 여러 가지로 문제가 발생할 수 있기 때문에 건축가의 초기 대응과 여러 컨설턴트들과의 긴밀한 협력이 반드시 필요하다.

최근에는 이러한 프로세스의 기간을 줄이기 위해 다양한 기술이 시연되고 있다. 예를 들면, 실시간으로 디자인 초기 단계부터 건축가가 직접 풍압을 가상 실험할 수 있는 컴퓨터 프로그램들이 그것이다. 오토데스크(AutoDesk)의 CFD(Computational Fluid Dynamics)와 바사리(Autodesk Vasari)라는 프로그램(다이어그램 2.4)이 대표적이다. 컴퓨터 프로그램의 사용으로 건축가는 한눈에 와류(Vortex Shedding)가 건물의 형태와 어떠한 관계가 있는지 전반적으로 체크를 할 수가 있고, 이는 초기 콘셉트 디자인 프로세스를 윤활하게 하는 데 도움을 준다. 디자인 초기 단계에서는 이러한 컴퓨터 시뮬레이션을 통해 미리 디자인 형태를 변경하고 발전시킨다.

물론 실제로 실행하는 윈드 터널 시뮬레이션보다는 정확성 면에서는 떨어지겠지만, 건축가가 초기 디자인 개발을 시작하는 상황에서는 아주 편리한 프로그램이라 할 수 있다. 오토데스크(Autodesk)의 바사리(Vasari) 프로그램은 프로젝트의 지역 장소를 지정해주면, 데이터베이스에 따라 기후 분석, 바람 시뮬레이션, 태양의 고도, 일영 분석, 일조 분석, 에너지 분석 등을 할 수 있다(다이어그램 2.5). 실시간으로 확인할 수 있고, 형태의 변형 후에도 짧은 시간 안에 분석이 가능하다는 점이다. 위에 언급한 프로그램 외에 Ecotech, Grasshopper Plug-in 등을 통해 주변 기후, 환경과 건축물과의 관계를 시뮬레이션으로 확인 가능하게 하는 컴퓨터 프로그램 툴(tool)은 발전 중이다.

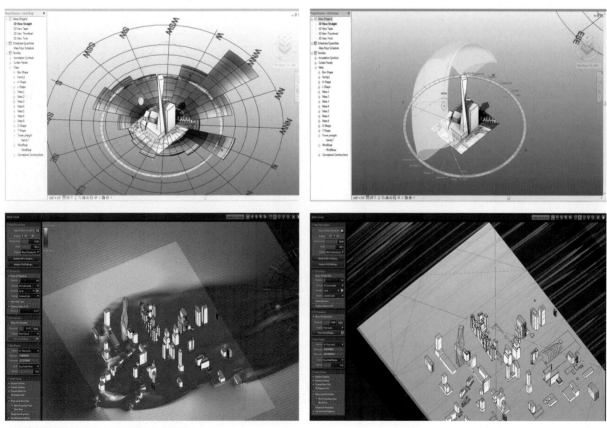

다이어그램 2.4 Autodesk Vasari 프로그램의 스크린샷

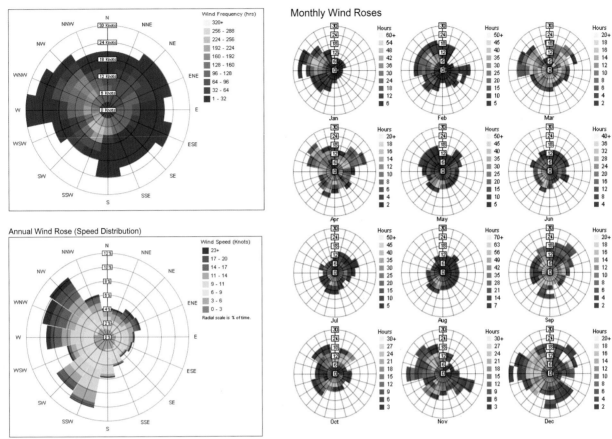

다이어그램 2.5 Autodesk Vasari 프로그램의 스크린샷

풍하중과 형태의 관계를 보면, 보통 건물의 각 모서리 부분의 바람 압력이 높다. 모서리의 형태에 따라서 그 압력 또한 각기 다르며 높이가 높을수록 더욱 강할 것이다. 압력을 버티기 위해서는 구조적인 해결 방법으로 기둥과 브 래이싱(Bracing)의 두께가 커진다든가, 또는 추가적인 구조적 지지가 요구되기도 한다. 하지만 건축가가 디자인 적으로 해결할 수 있는 방안도 있다. 즉, 형태의 변화로 바람의 흐름을 분산시키면서 풍하중과 와류 현상을 줄이 는 것이다. 이는 곧 구조의 두께를 줄일 수 있어 실제 건물 안에서 사용할 수 있는 공간의 넓이가 더 커지게 되며, 구조적 재료의 사용을 줄일 수 있다.

실제로 상하이 타워의 경우(곡선 형태의 빌딩) 일반 사각형의 타워 형태와 비교했을 때 24%의 적은 바람 의 저항을 받는다. 이는 곧 32%의 구조적 재료를 절약할 수 있으며 돈으로 약 5천8백만 달러의 경제 효과를 내다 보았다.[25] 상하이 타워의 형태는 풍하중(Wind Load)과 구조적 하중(Structure Load)에서 가장 유리한 건물 형태는 건물 저층부의 면적이 넓고, 점차 높이가 높아질수록 면적이 작아지는 형태이다(Tapered Shape Massing). 또한 풍 하중에 유리한 둥근 모서리의 형태를 가지므로써 저항력을 줄일 수 있었다(Rounded Shape Corner). 앞에서 언급 한 것처럼 건축주로부터 요구된 조건을 만족하면서 이러한 풍압과 구조적 하중에 효율적인 대처를 하는 디자인 을 하는 것이 초고층 빌딩 디자인의 중요 요소라고 할 수 있다.

[25] Autodesk. 2012. RisingtoNewHeightswithBIM.Autodesk,<http://static-dc.autodesk.net/content/dam/autodesk/www/case-studies/shanghai-tower/shanghai-tower-customer-story.pdf>.

3. 건축적 형태 변형의 언어

'주어진 조건에서 최적화된 형태를 찾는다.'

앞에서 언급했듯이 바람의 저항을 덜 받기 위해 건축적 형태의 변형이 생기기도 한다. 필자는 이를 형태 변형의 언어라고 표현한다. 형태의 다양성을 언어로 나열한다면, 각각의 형태 언어에서의 건축적인 장단점을 쉽게 알 수 있을 것이다. 초고층 빌딩의 형태는 크게 몇 가지로 구분할 수 있다.

사진 2.17 부르즈 할리파, 두바이
SOM(Adrian Smith Design)

사진 2.18 인피니티 타워, 두바이
SOM

사진 2.19 DC Tower, 오스트리아
Dominique Perrault

점차 좁아지는형태 :
TAPERED

위로 갈수록 점차 가늘어지는 형태로 역학적으로 바람의 영향을 가장 적게 받는 형태이다. 높이가 높아질수록 바람에 받는 면적이 줄어들고 유연해지기 때문에 구조적으로 유리하며, 코어의 엘리베이터 동선이 유리하다.

각도에 따라 돌아가는 형태 :
TWISTED

최근에 직사각형의 정형화를 탈피하기 위해 많이 사용되는 디자인 형태이며, 바람의 영향을 적게 받을 수 있는 형태이다. 파사드가 받게 되는 바람의 방향을 혼돈시킬수 있는 형태로서 바람의 저항이 상대적으로 적어진다. 또한 직사각형 형태와 같은 평면의 모양을 유지시키며, 내부 공간의 효율성이 높고, 각 층마다 일정한 각도로 움직이는 방법으로 작은 움직임만으로도 외부의 형태가 역동적인 형태로 표현될 수 있는 장점이 있다.

오목·볼록한 형태 :
CONCAVE / CONVEX FOLD

보통 빌딩의 용도 특성에 맞추어 평면의 크기가 커지거나 작아지는 빌딩에서 나타나는 형태이다. 빌딩의 주거시설 중에서도 부대시설(Amenity Space)이나 공용공간(Public Space)에서 유리한 평면의 형태라 할 수 있다. 볼록하게 나온 부분은 태양의 일조량을 더욱 내부 깊숙히 받을 수 있으며, 전망의 확장을 가져다준다.

형태의 변형의 언어에는 아래에서 명시한 것 이외에도 수많은 종류들과 형태들이 있을 것이다. 필자는 형태 언어의 의미를 나열함으로써 구체적인 규칙성을 찾아내려 하였으며, 그에 내재되어 있는 건축적인 의미를 나열하였다.

사진 2.20 뷰티크 모나코, 서울
Mass Studies

사진 2.21 Hearst Tower, 뉴욕
Norman Foester

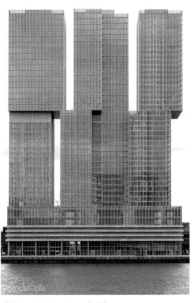

사진 2.22 De Rotterdam, 네덜란드
OMA

비움공간이 있는 형태 : VOID

볼륨과 볼륨 사이에 일정 크기의 공간을 외부에 노출시켜, 옥외 정원의 기능이나 바람이 지나갈 수 있는 길을 뚫어 구조적 하중을 줄일 수 있다. 고층 건물에서는 옥상 이외에 외부의 환경과 직접적으로 접할 수 있는 공용공간(Public Space)이 창출된다는 이점이 있다. 하지만 높이가 너무 높은 곳에 위치한 비움공간(Void Space)은 바람의 세기 때문에 사람들이 사용할 수 있는 공간으로서는 적절치 않은 경우도 있다.

기하학적 형태 : TESSELLATION

기하학적 형태를 사용하여 겹치거나 빈 곳이 없는 굴곡지지 않는 면으로 재구성하는 것이다. 굴곡이 있는 커튼월을 일정하게 규격화시키는 방법이다. 하나의 규격화된 커튼월이 계속적인 반복을 가져오기 때문에 어떤 기하학적 형태를 사용하느냐에 따라 빌딩의 이미지 또한 바뀌게 된다.

반규칙적 형태 : DISORGANIZED

반규칙적 형태의 변형은 비움의 공간이 생기고 내부공간 변형을 가지고와 새로운 건물 형태의 이미지나 공간 창출의 이점이 있다. 이러한 변형이 내부의 각각 사용자에 맞게 공간의 다양성을 가져다줄 수도 있고, 정형화된 형태의 탈피 방법 중 하나가 될 것이다.

4. 건물의 형태 변형의 다양성

앞에서 나열한 건축적 형태의 언어는 다양한 방향으로 재구성될 수 있다. 다이어그램 2.6은 기본적인 형태(Basic Massing)인 직육면체 형태의 정사각형 평면에서 시작하여 일정한 규칙을 바탕으로 다양한 형태 변형을 하는 예시를 보여준다. 실제 초고층 빌딩을 디자인할 때, 주어진 대지(Site)에서 법규와 규제 안에서의 가장 최대 면적을 가질 수 있는 형태를 고안하는 것이 제일 우선시되는 작업이다. 보통의 건축주들은 자신들이 가지고 있는 범위에서 최대 면적의 타워를 원하기 때문이다. 이를 바탕으로, 프로젝트에 주어진 조건들(높이 규제, 날씨, 건축주의 특별한 요구사항, 전망에 대한 고려, 구조 시스템에 대한 고려 등)을 충족시키는 가장 적절한 형태 구현을 하기 위한 노력을 한다. 이는 곧 형태 변형의 다양성을 통해서 찾아내는 반복적인 작업들을 하는 것이다. 그렇게 기본적인 매싱 형태로부터 다양한 응용된 형태로 변형을 이루어가는 것이다.

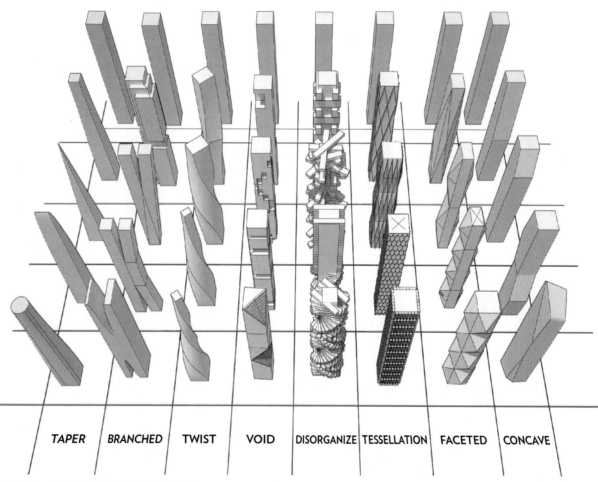

다이어그램 2.6 건축 형태 변형의 언어를 표현한 다이어그램 1

형태의 변화는 건물의 본질의 변화를 의미할 수도 있다. 주어진 조건 속에서 건축가는 이렇게 응용하고 변형되는 과정 속에서 자신의 감각과 판단으로 디자인을 이끌어내야 한다. 주어진 프로젝트와 자신의 디자인 철학과 건축주의 요구사항을 적절히 충족시키는 디자인을 하는 것이 건축가의 역할이다. 다이아그램 2.6-2.7과 같이 형태와 조건을 가지고도 각자 전혀 다른 결과물이 나오는 이유가 여기에 있다. 어디에도 완벽한 건축적 형태는 존재하지 않는다. 건축가가 주어진 환경 속에서 미적인 고찰과 기능적인 고찰을 동시에 충족시키는 최선의 안을 내는 것이 건축가의 몫인 것이다.

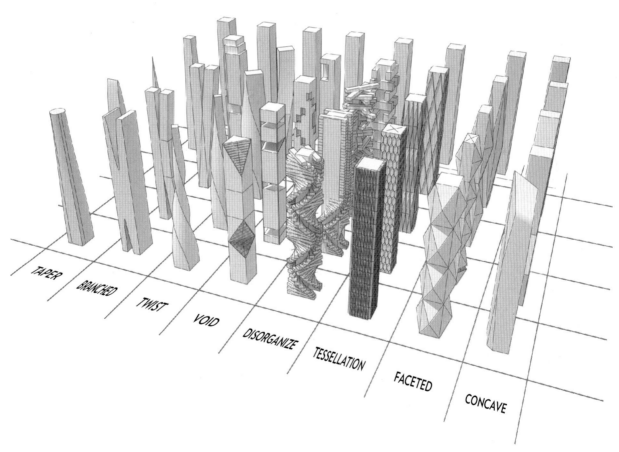

다이어그램 2.7 건축 형태 변형의 언어를 표현한 다이어그램 2

2.3 이미지에서 영감을 얻는 디자인
GEOMETRICAL APPROACH FROM IMAGE

앞의 2.1장에서 언급했듯이 일반적으로 실무에서 초고층 빌딩 디자인을 시작하기 전에는 항상 그 지역의 지형적 특성과 환경, 문화, 그리고 상징성을 찾기 위한 노력을 한다. 그런 작업 후에 선택된 이미지는 건물의 전체적인 이미지로 승화할 수 있도록 발전된다. 초고층 빌딩을 디자인하는 특성상 그 건물이 가져다주는 도시의 영향력과 상징성은 생각보다 막대하고 중요하기 때문에 건물 디자인의 이미지에 큰 힘을 쏟을 수밖에 없다. 건축주 또한 건물이 가져다주는 이미지는 곧 자신이나 그 건물을 사용할 입주자들의 이미지를 표출하는 방법이며, 더 나아가 도시, 국가를 상징하는 건물로 발전될 수 있기 때문에 대중과 긍정적이며 상징적인 소통할 수 있는 디자인을 선호한다.

초고층 빌딩의 디자인에서 어떠한 영감(Motive)를 갖는다는 것은 아주 중요한 요소이다. 강한 모티브(Motive)를 가진 디자인은 강한 콘셉트를 가지고 있는 것이라고도 할 수 있다. 필자는 이 모티브(Motive), 즉 영감을 떠올리는 방식과 방법이야말로 건축가 개개인의 특성이자 철학을 말해준다고 생각한다. 이것은 사람의 경험과 자라온 환경, 생활방식 등 모든 일상의 것들과 아주 밀접한 관계를 가지고 있다. 이렇게 영감을 받으면서 건축적·형태적 언어로 재발견해내는 안목 또한 건축가가 가지고 있어야 할 요소 중에 하나일 것이다. 그러므로 건축 디자인과 일반 디자인의 영역 간의 경계는 없다. 산업 디자인에서 패션 디자인까지 디자인의 감각 요소는 서로 연관성이 깊다.

근래에 친환경 건축 디자인(Sustainable Architecture Design)이 주목을 받으면서 자연의 형태를 건축적으로 대입시키는 방식을 많이 찾아볼 수 있다. 특히 과밀도화된 도시 속에서 자연으로부터 영감을 받아 디자인을 풀어나감으로써 자연친화적 도시의 상징적 모습을 찾으려고 하는 노력도 많이 한다. 이러한 방법 중에는 자연 형태 모습을 그대로 건축 외형에 담으려는 노력이 있는가 하면, 반면에 자연적인 형태뿐만 아니라 자연이 가지고 있는 생물학적인 작용을 인간과 건축의 삶에 대입하여 발전하는 방법도 보인다. 자연은 가장 가공되지 않은 것이며, 가장 많은 진화의 과정을 거치며 현재의 모습을 하고 있는 생물학적인 모습이라고 할 수 있다. 동식물의 형태나 색상, 행동에는 하나같이 그 이유가 존재하며 현재의 자연환경 속에서 최적화된 모습을 보인다. 이러한 자연의 진화에 인간은 항상 감탄하고 인간의 노력만으로는 이루어낼 수 없는 그 어떤 에너지를 지니고 있다고 느낀다. 자연이 가지고 있는 아름다운 색상, 무늬, 감촉, 냄새, 느낌 등은 모두가 디자인 영감이고 재료인 것이다. 자연이 가지고 있는 가장 큰 강점은 많은 사람들이 아름다움을 공감하고 긍정적인 이미지를 가지고 있다는 점이라고 생각한다.

과연 이미지에서 영감을 얻은 디자인은 어떤 건축적인 언어와 공통점이 있으며, 어떻게 초고층 빌딩과 연계될 수 있을까?

©iStock/thp73

사진 2.23 윌슨 하버(Wilson Harbor), 포클랜드 제도

©iStock/iMorelso

사진 2.24 그랜드캐니언, 애리조나

1. 자연의 색감과 모션

동식물이 가지고 있는 세밀하고 정밀한 색의 조합은 그야말로 신비롭다. 관심을 가지고 들여다보지 않으면 이러한 색상은 몇 가지의 단색으로만 여겨지는 경우가 많이 있다. 하지만 조금만 주의를 기울여 색상을 관찰해본다면, 하나하나의 요소에는 수십에서 수백 개의 색상 조합이 이루어지고 있다는 것을 알 수 있다. 마크 라이타(Mark Laita)는 검은색 배경을 통해 동물이 지니고 있는 본연의 색을 담으려고 노력하는 사진작가이다. 햇빛에 반사되어 일반적으로 볼 수 없는 색상까지 검은색 배경의 사진을 통해 재조명하였다(사진 2.26). 그의 책 Sea의 컬렉션 경우에는 물의 표면 반사를 이용해 바다생물의 역동적인 움직임을 표현하였다. 또 다른 사진작가인 앤드류 쥬커만(Andrew Zuckerman)은 동물의 고유 움직임 형태의 표현에 주목했으며, 마크 라이타(Mark Laita)와는 상반되게 하얀색 바탕에 색을 사용하여 색감을 표현하였다(사진 2.25). 이러한 동물의 본연 색의 다양성과 아름다운 모션을 건축에도 적용하려는 노력이 있다. 이러한 노력은 정적인 건물에 색채를 입힌 듯한 효과와 도시의 이미지를 조금 더 감성적으로 풍부하게 하는 효과가 될 것이다.

　한 예로, 프랑스의 건축가 장 누벨(Jean Nouvel)이 디자인한 바르셀로나의 '토레 아그바(Torre Agbar)' 타워의 파사드가 있다(사진 2.27~2.28). 2005년 완공된 142m, 약 34층 높이의 이 건물은 40,000개의 패널과 40여 가지 이상의 다양한 색상을 통해 간헐천의 물을 건물 외관에 표현하고 있다. 그가 사용한 파사드의 색상의 변화(gradiant)는 수많은 비슷한 색상의 혼돈 속에서 전체적으로 물의 느낌을 잘 표현하고 있다. 이 고층 건물의 색상은 단색의 도시 속에 더욱 화려하게 자리 잡고 있는 느낌이다.

　마치 한 마리의 새가 날개짓을 하는 듯한 모습의 밀워키 아트 뮤지엄(Milwaukee Art Museum)을 보자. 건축가 칼라트라바(Santiago Calatrava)는 활력과 모션의 변화를 '날개(Wings)'라는 구조물을 통해 구현해냈다(사진 2.29). 이 날개(Wings) 구조는 66m의 길이의 차양 구조물(Sun Screen)이다. 72개의 스틸 구조는 8m에서 32m까지 열렸다 닫혔다 하는 시스템으로 디자인됐다.[26] 여기에는 센서가 부착되어 있어서 3초 이상 23m/h 속도의 바람이 지속되면 자동적으로 닫히는 기능이 있다. 기능적이고 자연의 심미적인 요소인 날개를 통해서 정적인 뮤지엄이라는 장소를 좀 더 생동감 있고, 자연의 움직임을 모티브로한 감성적이며 역동적인 공공 아트 센터의 의미의 건물로 승화시킨 것이다.

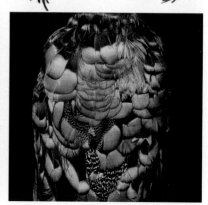

사진 2.25 Andrew Zuckerman
© Andrew Zuckerman

사진 2.26 Mark Laite © Mark Laite

사진 2.27 토레 아그바, 스페인

사진 2.28 토레 아그바 커튼월, 스페인

사진 2.29 밀워키 아트 뮤지엄 '윙즈', 위스컨신, 미국

(26) Milwaukee Art Museum official website, <http://mam.org/info/architecture.php>.

2. 균형적 비율과 기능적인 형태

자동차 디자인은 건축 디자인과 많은 부분이 흡사하다. 자동차는 기능적인 메커니즘의 결정체인 동시에 구매자를 위한 미적인 요소를 함께 만족시키고 있다. 어떤 면에서 보면 초고층 빌딩과 마찬가지로 매우 기계적이고 공학적인 요소의 결합체이다. 자동차 디자인은 디자인적인 표현을 통해 그 차가 가지고 있는 브랜드의 철학과 이미지를 표현할 뿐만 아니라 기계적인 부분을 디자인으로 승화시키기도 한다. 이탈리아 자동차 디자이너인 발터 마리아 드 실바(Walter Maria de Silva)는 '아우디의 건축(Architecture of Audi)'이라는 용어를 이용해 자동차의 선과 볼륨의 철학을 표현하였다. 요소 하나하나를 살펴보면, 각 부분의 기계적인 요소를 면과 선, 볼륨을 사용하여 하나의 균형과 비율이 디자인 철학에 부합하는 자동차라는 완성체로 구현해낸다.

　　건축에서의 예로는, 중국 광저우의 '펄 리버 타워(Pearl River Tower)'를 볼 수 있다. 309m의 71개 층의 펄리버 타워는 애드리안 스미스와 고든 길이 SOM에서 설계하였다(사진 2.31~2.33). 공기역학적인 설계가 돋보이는 타워는 면의 중간 중간의 층 사이에 바람이 통할 수 있는 공간을 오픈시켜서 실제로 바람의 이동을 유도하여 역학적으로 도움될 뿐만 아니라, 바람이 지나가는 공간 사이에 풍력 발전기(Wind Turbine)가 설치되어 빌딩에서 필요로 하는 에너지를 생산하는 건물이다(사진 2.31). 또한 커튼월에는 태양광전지가 설치되어 있어 내부에서 사용할 전력을 생산하는 넷 제로(Net-zero) 건물이다. 이러한 여러 친환경 엔지니어링적 기술력이 전체적인 건물의 형태와 잘 부합된다고 말할 수 있다.

　　또 다른 예로는 타이완에 위치한 China Steel Corporation Headquater 건물이다(사진 2.34~2.36). 'Kris Yao Artech' 건축회사가 디자인한 이 건물은 철강 회사의 이미지를 상징하듯 중앙 코어를 기점으로 4개의 튜브 형식의 볼륨이 지탱하는 형태이다. 특히 외부의 모습은 메가 브레이싱(Mega Bacing)과 다이몬드 형태의 이중창이 표출되어 강한 스틸의 모습을 표현하고 있다(사진 2.34). 외관 디자인의 형태와 재료, 볼륨의 표현력을 통해 회사의 상징성을 직·간접적으로 연관시킨 건축의 예라 할 수 있다.

사진 2.30 시카고 2014 오토쇼, Chicago Auto Show 2014

사진 2.31 펄 리버 타워, SOM 설계, 광저우, 중국 © SOM

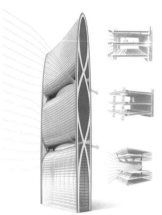

사진 2.32 펄 리버 타워, SOM 설계, 광저우, 중국 © SOM

©iStock/lysh2006

사진 2.33 펄 리버 타워, SOM 설계, 광저우, 중국 © SOM

사진 2.34 China Steel Corporation Headquarter, 대만_
PHOTO By Jeffrey Cheng

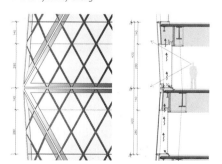

사진 2.35 China Steel Corporation Headquarter, 대만_
PHOTO By Jeffrey Cheng

사진 2.36 China Steel Corporation Headquarter, 대만_ PHOTO By Jeffrey Cheng

3. 디자인의 혁신과 영역의 확장

패션 디자인과 건축 디자인 연관성은 언제나 대두되고 있다. 이 두 분야는 시대의 흐름을 반영하고 표출한다는 의미에서 상통한다. 사회, 문화, 정치 등의 분야 속에 자신의 정체성을 표현하며 인접해간다. 독일의 패션 디자이너 아이리스 반 헤르펜(Iris Van Herpen)은 건축 디자인이나 산업 디자인에서 주로 사용되는 3D 프린트를 이용한 기술의 사용과 그에 상응하는 새로운 재료의 개발 등을 통해 일반적으로 사람들이 생각하는 평상복에 대한 정의를 넓혀 가는 창조적 작업을 하고 있다(사진 2.38). 크로아티아의 디자이너 마티자 콥(Matija Cop)은 특별한 의복 제조 방법을 이용해 자신만의 디자인적 철학의 요소를 표현하였다(사진 2.37). 그것은 바로 고딕 건축에서 영감을 얻은 형태로서 모듈 형식을 따라 디자인된 재료를 이용한 것이다. 재료들은 하나하나의 모듈(module)이 연결되어 붙어 있는 형식으로, 일반적인 옷의 꿰맴이나 붙임의 기술을 사용하지 않아 특별한 옷을 표현해내고 있다.

이러한 특별한 디자인의 혁신은 마치 초고층 빌딩에서 특별함을 창조해내는 혁신과 상관관계가 있다고 생각한다. 한 예로 캐나다 몬타리오 주에 있는 158m 높이의 '앱솔루트 타워(Absolute Tower, MAD architecture 설계)'를 보자. 이 빌딩의 독특한 디자인 때문에 '마를린 먼로 타워'라는 별명이 생겼다(사진 2.39~2.40). 예술적 빌딩의 형태는 도시적 관심과 활성화를 불러왔고, 각 층마다 1도에서 최대 8도까지 돌아가며, 총 209도정도 회전이 되어 있는 타워의 형태 때문에 각 층마다 각기 다른 평면이 나오고 있다. 기존 형태의 평면과는 다른 너무 많은 다양성을 가진 평면의 형태 때문에 마케팅에 문제가 있을 것이라는 생각과는 달리 이 빌딩은 그만의 독특한 상징성에 힘입어 분양 후 며칠 이내에 모든 세대가 팔리는 인기를 누렸다고 한다. 건축주는 바로 옆의 대지를 즉시 구입하여 하나의 타워에서 두 개의 타워로 확장·건설하기까지 이르렀다. 또 다른 예로 미국 뉴욕의 'Eight Spruce Steet tower(Frank Gehry 설계)'가 있다(사진 2.41~2.42). 강철을 외장재로 사용하여 게리의 디자인 철학인 곡선을 고층 빌딩에서도 표현하였다. 건물의 형태는 더욱 역동적이며 외관의 강철에 비치는 반사된 빛들은 건물의 다양한 표현력을 더해줬다. 이러한 역동적인 형태가 직접적으로 평면에 적용이 됨으로써 각 세대마다 200개의 다른 독특한 평면을 가질 수 있게 되었다. 이런 역동적인 형태의 건물들은 새로운 재료와 기법 사용을 통해 건축물이 패션을 입듯 형태의 다양성을 이루어낸 건축적 영역의 확장이라고 할 수 있다.

사진 2.37 Matija Cop © Matija Cop

사진 2.38 Iris Van Herpen © Iris Van Herpen

사진 2.39 앱솔루트 타워, MAD Architecture 설계, 미시소거, 캐나다

사진 2.40 앱솔루트 타워, MAD Architecture 설계, 미시소거, 캐나다

사진 2.41 스프루스 스트리트, Frank Gehry 설계, 뉴욕, 미국

사진 2.42 스프루스 스트리트, Frank Gehry 설계, 뉴욕, 미국

2.4 연계성을 가진 형태적 디자인 방법론
RULES OF GEOMETRICAL DESIGN

규칙적 형태의 시스템 = 여러 겹의 연계적 결합체
RULES OF GEOMETRY SYSTEM = DESIGN AS COMPOSITION OF MULTIPLE LAYERING SYSTEMS

모든 자연의 생명체들과 자연현상은 그 안에 규칙성을 가진다. 언뜻 불규칙적으로 보이는 것도 스케일을 다르게 본다면 그 역시 어떤한 규칙 속에서 만들어지는 현상이 아닐까? 그렇다면 이러한 자연의 규칙성에는 어떤 것이 있을까?

　　　　예를 들면, 포식자로부터의 방어하기 위해 집단으로 움직이는 정어리 떼의 형태 변화를 보자. 한 마리, 한 마리의 정어리가 자기 자리를 지키면서 수천 마리가 모여 거대한 하나의 형태를 만들어낸다. 이러한 형태는 포식자에게 하나의 큰 물체로 인식되어, 각각의 정어리가 흩어졌을 때보다 훨씬 적은 확률의 피해를 볼 수 있다. 정어리들은 무리에서 흩어지지 않고 집단의 형태를 유지할 수 있는 이유는 바로 앞에 위치한 정어리를 보고 뒤에 따라오는 정어리들이 움직임을 결정하기 때문이다. 그러므로 한 마리, 한 마리가 각각 규칙의 연속성을 유도하고 연계성을 가지고 있기 때문에 전체의 틀이 계속해서 유지되는 것이다. 자연에서는 이러한 현상을 무리의 행동(Swarm Behavior)이라고 한다(사진 2.43). 이는 작은 하나의 추진 개체가 큰 집단으로 형성되어 집합적인 행동으로 나타나는 것이다. 이때 작은 개체는 매우 간단한 패턴으로 움직이지만, 이 개체의 움직임의 영향이 다음 개체의 행동에 상호 영향을 주기 때문에 전체적으로는 다른 형태의 움직임이 나타나기도 한다. 우리가 살고 있는 사회적인 인간관계나 현상에서도 이러한 행동이 일어난다고 생각한다.

　　　　'규칙성을 갖는다'는 것은 초고층 빌딩 디자인에서 무엇을 뜻하는 것일까? 또 규칙성이 있는 초고층 빌딩 디자인의 특성은 인간의 삶과 어떠한 관계를 가지고 있을까? 우리가 평상시에 마주치는 건물은 외관이나 내부는 일정한 틀로 이루어져 있는 반복적인 형태의 건축이 대부분일 것이다. 하지만 이러한 반복은 위에서 말한 개개인의 특성이 있고 상호 연관이 있는 반복과는 거리가 멀 수도 있다. 사용자의 특성이나 공간의 용도를 고려한 것이 아니라, 경제성과 효율성을 고려한 공간인 것이다. 오피스의 커튼월의 경우 하나의 틀만 빌딩에 사용하는 것이 비용을 절감하는 데 많은 기여를 할 것이며, 주거의 경우 평면이 3~4개 미만의 정형화된 세대 디자인이 반복되는 경우가 매 층, 매 세대가 다른 형태를 한 유닛 디자인을 배열하는 것보다는 비용 절감의 차원에서 경제적인 안이 될 것이다. 반복성은 고층 건물을 짓는 데 아주 중요한 요소이다. 비용 절감의 이유뿐만이 아니라, 구조, MEP와 같은 다른 요소들과의 관계에서도 가장 효율적인 방법이라 할 수 있다.

　　　　초고층 빌딩의 경우 복합적 용도로 빌딩이 지어지는 경우가 많다. 오피스와 주거, 호텔 등의 공간이 한 건물 안에서 이루어진다고 할 때, 좀 더 각 용도별 공간의 연계성 또는 몇 가지 규칙을 바탕으로 나열되어 있다면, 이는 위의 자연적인 형상과 비슷한 패러다임을 보이는 것이지 않을까?

사진 2.43 무리의 행동

사진 2.44 규칙성을 가진 발코니 형태

사진 2.45 규칙성을 가진 빌딩 모듈 형태, Marina City, 시카고

1. 평면 형태의 연계적 결합방식(Geometry Combination Method in Plan)

2.2장에서 서술하였던 형태의 변형 방법과 연속되는 내용으로, 이전에는 외적인 형태 변형에 초점이 맞추어졌다면 여기서는 상반되는 방법으로 평면의 형태 변화가 외부의 형태 변화의 접근방식으로도 사용될 수 있다는 것을 보여준다. 보통 외부의 형태를 먼저 정하고 플랜을 상호적으로 발전시키지만 프로젝트 성격에 따라서는 평면의 형태를 우선적으로 보는 경우도 있다. 이 경우는 대부분이 최대한의 플랜 효율성(Efficiency)을 가지기 위함이다. 플랜의 형태에 따라 각 프로그램마다의 적절한 레이아웃이 이루어지기 때문에 전체적인 형태의 플랜 기초는 아주 중요하다. 오피스의 경우에는 균일하고 오픈된 형태의 평면이 유리할 것이며, 주거의 경우에는 평면의 크기나 발코니의 형태, 공용 공간의 다양성을 위해 연관성이 있는 플랜 형태가 좋을 것이다.

　　　　프로그램의 효율성으로 인한 다양한 형태의 평면은 곧 초고층 외부의 형태에 영향을 미친다. 다이어그램 2.8은 기본적인 도형의 나열이다. 삼각형에서 팔각형까지의 플랜을 기본이라 정의했을 때의 도형 형태이다. 여기서 규칙 조건인 안쪽으로(Inward)와 바깥쪽으로(Outward)라는 규칙성을 적용함으로써 플랜의 변형을 볼 수 있다.

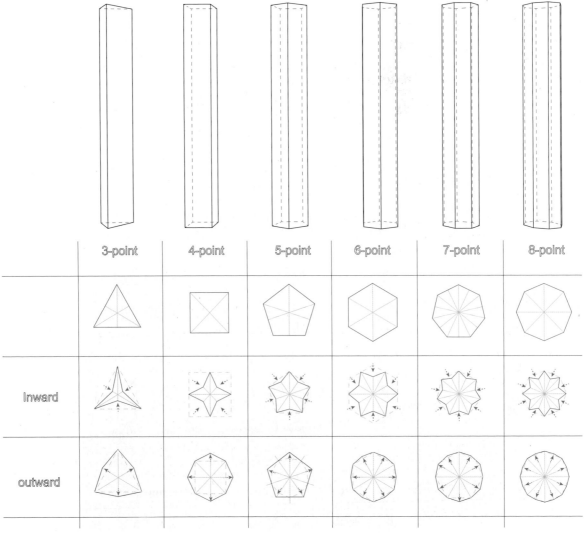

다이어그램 2.8 평면과 입면의 연계성 Ⅰ

다이어그램 2.8에서의 규칙성으로 인해 변형된 평면을 임의적으로 결합하면 건축적으로 어떠한 형태변화가 이루어지는지 나타내는 다이어그램이다(다이어그램 2.9). 이 다이어그램을 통해 우리는 일정한 규칙 속에서 나온 평면의 형태를 여러 겹으로 결합했을 때, 전체적인 형태의 변화가 다양해진다는 것을 알 수 있다. 이는 곧 여러 다른 평면의 집합적인 모임의 연결성은 새로운 형태인 외형적 모습으로 나타날 수 있다는 것을 알려준다. 평면과 입면의 도형관계의 연관성을 항상 인지하고 있다면 형태 디자인 진행과정에서 보다 체계적인 접근을 할 수 있을 것이다.

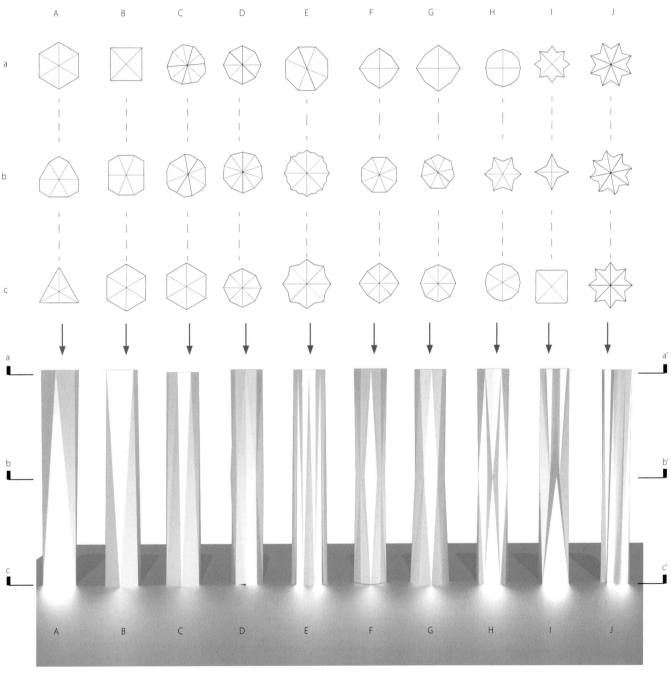

다이어그램 2.9 평면과 입면의 연계성 Ⅱ

2. 사회적 패턴 언어의 연계적 결합형태(Social Language Pattern)

건물이 물질적인 요소가 아닌 하나의 사회성을 지니고 있는 결합체라고 생각한다면, 우리가 이용하고 있는 건물에서는 어떠한 사회적인 패턴 언어의 상호작용이 일어나는 것일까?

사회적 패턴 언어는 각각의 독립된 패턴이 서로 연속성을 가진 네트워크라 할 수 있다. 여기서 패턴의 정의는 사회적 활동을 내재하고 있는 행위나 장소를 말한다. 형태 디자인을 할 때 프로그램의 연결성 속에서 형태와의 관계는 매우 중요한 요소 중 하나일 것이다. 단지 빌딩에서 외부와 내부가 독립체로 형성되어 있는 파사드 디자인이 아닌, 내부의 프로그램과 외부의 파사드의 기능이 함께 관계되어 있는 빌딩 형태가 좀 더 연계적 결합 형태일 것이다.

건축가 크리스토퍼 알렉산더(Christopher Alexander)의 책, 패턴 랭귀지(A Pattern Language; Towns, Buildings, Construction)에서 그는 사회적 패턴을 상, 하위 개념으로 정의하였다. 그의 253가지의 사회적 패턴 중에 하나인 접근 가능한 녹지를 상위 패턴이라고 정의하며, 이는 불완전한 상태라고 정의하였다(다이어그램 2.10). 하지만 그에 따르는 하위 패턴의 요소로 인해 상위 패턴이 완전한 상태로 구성될 수 있는 네트워크를 가질 수 있다. 이러한 하위 패턴과의 문제점 해결과 발전되는 관계 속에서 지속 가능한 상위 패턴이 이루어질 수 있다고 정의하였다.[27]

이러한 시점에서 고층 건물 속의 접근 가능한 녹지의 프로그램을 지속 가능하도록 하기 위해서는 하위 패턴인 요소들이 존재해야 할 것이다. 이 요소들 중에는 디자인 형태와 밀접한 관계를 지니고 형성되어야 하는 요소들이 존재하며, 이의 공간 창출을 통해 지속적인 프로그램의 상호 연관성을 기대할 수 있다. 독일의 건축가 노먼 포스터가 디자인한 코메르츠 은행 본사 건물(Commerz Bank Headquater Tower)은 자연채광과 자연 가든, 직장 커뮤니티, 일하는 공간에 대한 전체적인 연계적 결합이 잘 이루어진 빌딩이라 할 수 있다. 일하는 공간에 24시간 자연채광을 제공하기 위해 코어를 삼각형의 각모리 부분에 위치시켰으며, 중앙에는 유리의 아트리움 공간을 창조해내어 항시 자연채광이 빌딩 안쪽까지 가능하게 하였다. 일하는 공간에서는 간접적인 자연채광, 자연 가든의 전망과의 연계성이 항시 형성되는 지속 가능한 공간이 창조되었다.

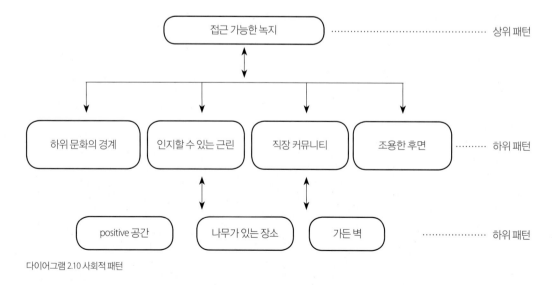

다이어그램 2.10 사회적 패턴

[27] Alexander, Christopher. 1977. *A Pattern Language: Towns, Buildings, Construction (Center for Environmental Structure)*. Oxford.

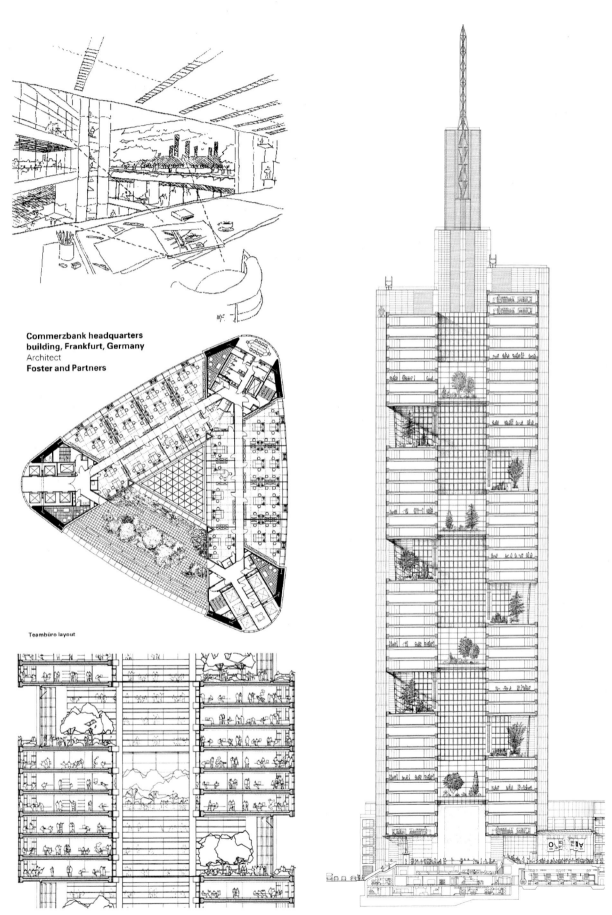

**Commerzbank headquarters
building, Frankfurt, Germany**
Architect
Foster and Partners

Teambüro layout

사진 2.46 윈터가든과 중정공간 섹션 Commerzbank Headquater, 프랑크푸르트. © Foster and Partners

2.5 지속 가능한 공간의 디자인 방법론
APPROCH OF SUSTAINABLE DESIGN

'자연 그대로의 상태가 가장 친환경적인 것이다.'

자연 생태적 순환 개념 이해와 자연과의 사회적 상호관계
INTERACTION BETWEEN NATURE AND SOCIAL INTERACTION

친환경(Eco-Friendly 혹은 Sustainability)이라는 단어는 이미 우리의 생활 속 여러 방면에서 쓰이는 단어가 되었다. 수많은 건축 설계안들이 친환경 건축 디자인을 지향하고 있으며, 친환경 건축이라는 말이 많은 일반인들에게 익숙한 단어가 되고 있는 현실이다. 우리가 살고 있는 이 건축 환경에서, 친환경이라는 단어가 의미하는 것은 무엇일까?

친환경 건축 디자인은 결코 현대사회에서 해롭게 창조된 현상이 아니다. 친환경 건축의 역사를 거슬러 올라가보면 7대 불가사의의 하나인 '바빌론의 공중정원'을 찾아볼 수 있다(사진 2.47-48). 바빌론의 공중정원은 메소포타미아 문명시기, 기원전 605-562년에 세워진 것으로 추정된다. 이 공중정원은 바빌론 제국의 네부카드네자르(Nebuchadnezzar) 2세로 인해 지어진 옥외정원이다. 건조한 바빌론(현재 이라크지역)은 그 지역의 기후 특성상 산과 나무가 없는 지역이다. 네부카드네자르 왕의 왕비는 수목이 푸르른 지역(현재 이란지역) 출신이었기 때문에 지독한 향수병으로 고생을 하고 있었다. 황제는 힘들어하는 왕비를 달래주기 위해, 그녀의 고향과 같은 정원을 건설하였다고 한다. 총 7개 층 높이의 공중정원은 1층부터 꼭대기 층까지 계단으로 이어져 있고, 중층에는 발코니가 있는 형태였다. 발코니에는 바빌론에서는 보기 힘든 울창한 나무와 꽃과 식물들로 가득 채웠다. 습한 기후가 특성인 왕비의 고향 정원을 바빌론의 황무지에 옮겨 놓기 위해 물을 제공할 수 있는 수로를 건설하여 공중정원으로 향하도록 하였다. 모든 나무와 식물은 왕비의 고향에서 그대로 옮겨왔으며, 그 지역의 특징인 수로의 건설방식을 그대로 7층 높이의 건축물 안에 재현시켰다.[28] 이는 기원전 6세기에 사막 한가운데에 건설된 지상 최대의 낙원으로 탄생한 것이다. 즉, 옥외정원을 가지고 있는 최초의 마천루가 건설된 것이다.

이 공중정원의 사례에서 주목해야 할 점은 기원전 605년경에 상당한 높이의 건축물과 자연이 어우러지는 디자인을 설립했다는 점이다. 자연이 부재되기 쉬운 삶 속에서 조금 더 자연과 가까워지고 싶은 생각을 건축물 안으로, 삶의 공간 안으로 끌어들여 구축했다. 친환경 건축을 설계하는 현재의 건축가들에게도 주목할 만한 진보적인 사례이다. 또한 설립, 유지하기 위하여 수로 등의 시설을 구축한 점은 현대사회에서 친환경 건축과 건축물을 지지해줄 사회기반시설(Infrastructure)에 대한 고려와 일치한다. 현대의 건축물의 디자인과 도시 디자인의 기본적인 접근방법과 일치하는 것이다.

다음으로 현재의 친환경 건축 디자인의 정의는 무엇이며, 자연과 건축과의 조화를 어떻게 디자인으로 이끌어내야 하는지에 대한 접근법을 생각해보자.

---

[28] EBS. 2013. "공중정원". EBS 다큐프라임 '위대한 바빌론' 4부작. EBS.

사진 2.47 바빌론 공중정원 복원 그림

사진 2.48 바빌론 공중정원 복원 그림

사진 2.49 도시화된 지역 속에서도 자연적 요소와 연결성이 있는 시카고 전경

앞서 언급했듯이 친환경 디자인은 영어로는 'Sustainable Design'이라고 표기한다. 그대로 해석하면 '지속 가능한 디자인'이라고 할 수 있다. 지속 가능한 건축(Sustainable Architecture)의 사전적 의미는 다음과 같다.

> *"Sustainable architecture is architecture that seeks to minimize the negative environmental impact of buildings by efficiency and moderation in the use of materials, energy, and development space."*

즉, 친환경 건축이란 건축물 자체가 생산해낼 수 있는 환경까지는 부정적인 요소들을 효율적인 재료, 에너지, 공간의 사용을 이용하여 최소화시키는 건축이라고 정의하고 있다. 건축물의 효율적인 에너지 사용은 건물 설비시설(HVAC)의 효율적인 사용으로 극대화할 수 있다. HVAC은 난방(Heating), 환기(Ventilation), 그리고 냉방(Air Conditioning)을 뜻한다. 에너지의 효율적 사용은 HVAC 시스템에 대한 고려뿐만 아니라 '패시브 솔라 시스템(Passive Solar System)', 즉 수동적 태양광발전 시스템으로 순수 태양열을 가지고 에너지로 변환하여 건물의 에너지 소비를 대체하는 방법이다. 친환경 건축이 이슈화되고 있는 이유 중 하나는 이산화탄소를 공기 중에 가장 많이 배출시키는 요소는 빌딩이기 때문이다. 빌딩에서 하루 평균 방출하는 이산화탄소의 배출량(CO_2 Emission)은 교통수단의 매연보다 많은, 약 35% 이상이라고 한다. 무분별한 이산화탄소의 배출량의 줄이기 위해 여러 나라에서는 초고층 빌딩을 디자인하고 시공하는 부분에서 친환경적인 부품과 시스템의 이용을 LEED(Leadership in Energy and Environmental Design) Certified라는 체계적인 시스템으로 관리하는 노력이 시행되고 있다. 미국 정부에서는 매해 점차 많은 수의 LEED Certified된 건물들이 늘어나고 있으며, 주에 따라 그에 상응하는 혜택*들도 있다. 다양한 혜택과 정부의 지원으로 빌딩 탄소에너지 배출량을 줄이고, 지구온난화에 영향을 줄이는 빌딩이 늘어나는 것은 긍정적인 측면이라고 할 수 있다.

또한 친환경 건축은 지속 가능한 공간이라는 의미도 가지고 있다. 건축 시스템 자체만을 고려한 영향뿐이 아닌, 건물을 사용하는 사용자와 환경과의 관계를 중시하는 개념인 것이다. 친환경 건축을 생태적 순환의 개념으로 인식하여 주변 환경에 어떻게 반응하고 순환하며 연관성을 갖는지에 대한 고려가 최근 활발히 진행되는 추세이다.[29] 다음은 친환경 건축가 켄양(Ken Yeang)의 말이다.

> *"unfortunately, the dominance of engineering and the emphasis on building performance simulations has led to ecologically advanced architecture being perceived as an issue of engineering, rather than as a matter of ecology and other environmental concerns.it has to go beyond conventional rating system like LEED or BREEAM criteria, accreditation system may 'contribute to a green built system', but certainly are 'not green architecture in totality".* [30]

---

*현재 보스턴, 로스엔젤레스, 샌프란시스코 지역의 경우 새로운 빌딩 허가를 받기 위해서는 LEED 부합한 건물이여야 한다는 법규가 생길 정도로 점차 확산되고 있는 추세이다. 신시네티와 네바다에서는 세금감면의 해택을 주기도 한다. 신시네티에서는 LEED 건물에게 15년 동안 1년에 500,000달러의 리베이트를 해주는 법규가 있다. 뉴욕에서는 LEED 건물이 4% 정도 더 많이 수요되고 있으며 대략 $11 per square foot more당 더 많은 렌트를 LEED가 충족되지 않은 건물에 비해 더 많이 받고 있다.

켄양의 생각은 지속 가능한 친환경 건축은 에너지 사용의 효율성을 극대화시키는 것만이 아닌, 자연환경과 건물의 상호관계의 중요성을 강조한다. 건축물 자체를 오브젝트로 고려한 친환경적 접근방식을 말한다. 실제로 그의 작품에서는 기술적인 요소뿐만 아니라, 자연의 요소들을 적극적으로 건물 안으로 끌어들여 건축물과 자연의 요소가 상호작용을 할 수 있도록 디자인을 발전시킨다(사진 2.50). 지속적인 상호작용이 이루어지는 공간, 즉 지속 가능한 공간을 창출하기 위한 자연과 공공장소라는 요소를 함께 지니고 있어야 한다.

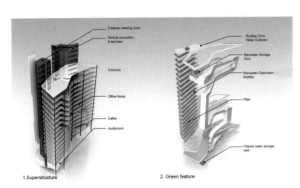

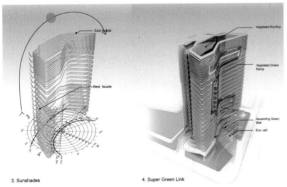

사진 2.50 콘셉트 다이어그램 Spire Edge Manesar ,designed by Ken Yeang, Gurgaon, India © T.R.Hamzah & Yeang Sdn. Bhd.

사진 2.51 Spire Edge Manesar ,designed by Ken Yeang, Gurgaon, India © T.R.Hamzah & Yeang Sdn. Bhd.

(29) 김원 외. 2009. 친환경 건축설계 가이드북. 발언.
(30) Yeang, Ken. 2007. *Eco Skyscrapers: Volume 2.* Images Publishing: 12.

다음으로 자연과 인간의 삶, 공간으로서의 지속적인 상호역할을 하는 요소는 무엇이며, 과거와 현재는 어떠한 형태로 변형되었는지 사례를 통해 알아보자. 또한 건물 디자인 형태의 변형에 친환경적 공간창출의 방법도 알아보자.

1. 정원과 공원 – 자연과 휴식처

정원의 아이디어는 고대 원시인들이 정착생활을 시작함으로써 맹수의 침략을 막고 자급자족을 하기 위한 수단으로 시작되었다. 16세기 르네상스 시대에 이탈리아에서는 정원 개발의 전성기를 이루었다. 정원이라는 것은 자연과 인공의 이상적인 조화가 이루어진 공간이며 예술의 표현 공간이었다. 19세기 이후 유럽에서는 대정원의 소유를 막고 점차 공공적인 정원을 구축하였다. 이러한 현상은 세계적으로 전파된다.[31] 개인 소유의 것인 정원에서 점차 공공의 공원으로 공간이 변화한 것이다.

　　대표적인 공원 디자인은 뉴욕의 유명한 건축가이자 조경건축가인 F.Olmsted의 뉴욕의 센트럴파크가 대표적이다(사진 2.52). 현재까지도 뉴욕의 고밀도화된 도시 속에 센트럴파크가 없었다면 뉴욕시민들은 살 수 없었을 것이라는 말이 나올 정도로 아주 소중한 문화휴식공간이 되었다. 센트럴파크는 자연 정원의 기능뿐만이 아니라 사람들이 여가를 즐길 수 있는 공간으로서도 중요한 역할을 하고 있다. 뉴욕 도시의 중심적 허브 역할을 하고 있는 것이다. 이처럼 정원(또는 공원)은 일정한 경계 안에서 인공적인 자연공간이라는 특징을 가지고 있다. 수평적으로 넓은 면적을 가질 수 없는 초고층 빌딩 디자인에서 이러한 요소들을 수직 형태로 끌어오려는 여러 형태들이 시행되고 있다. 초고층 빌딩 공간의 특징상 최상층의 공간을 옥상정원으로 적극 이용하거나 주거 세대의 경우 각각의 발코니에 정원의 아이디어를 적극적으로 이용한다.

사진 2.52 패트릭 블랑(Patrick Blanc)의 대표작 Aboukir의 오아시스 PHOTO from Vertical Garden Patrick Blanc

사진 2.53 뉴욕 센트럴파크

---

[31] 박찬용, 백종희. 2007. 유럽 정원 기행: 풋내기 조경학도, 웅장하고 로맨틱한 유럽 정원을 만나다. 대원사.

한 예로, 장누벨의 원 센트럴파크(One Central Park)의 건물을 보자면, 오스트레일리아 시드니의 150m 높이의 이 복합 주거 건물은 세계 최고층 수직정원을 가지고 있다(사진 2.54~2.55). 건물의 수직정원은 프랑스 국립과학연구소의 식물학자 패트릭 블랑(Patrick Blanc)과 같이 작업을 하였다(사진 2.52). 이 건물은 21개의 패널에 30,000개의 관목과 70,000여 개의 식물들로 이루어져 있다. 370여 종의 식물이 있으며, 이 중 200여 종은 오스트리아의 남동쪽 식물들로 이루어져 있다. 그는 자연 본래의 면모를 가져오기를 원했으며 그것이 곧 예술이라고 표현했다. 또한 그는 도심과 함께 어우러져 있는 광활한 식물을 제공하여 극적인 대비 효과를 주기를 원했다고 한다.

수직정원은 건물에 자연의 요소를 가져다줄 뿐만이 아니라, 단조로운 유리 파사드 빌딩에 화려한 색채와 텍스쳐를 입혀준다. 이 식물들로 인해 계절마다 건물의 인상과 색채가 달라지는 효과도 가져다주었다.

패트릭 블랑의 수직정원의 특성은 여러 복잡한 식물들이 군집으로 이루어져서 어떤 한 패턴을 나타낸다. 하지만 이는 계산된 것으로 각각 식물의 수분, 온도 변화, 광량 등을 고려해 위치나 군집의 배치를 고려한 인위적인 가든이라고 할 수 있다. 또 그는 식물을 통해 예술적인 표현을 하려고 한 것이 아니라 그것이 가진 본래의 모습을 이해하고 보여주는 작업이라는 표현을 하였다. 수직적 면적을 이용한 건축가와 식물학자의 협력 작품이 건물에 살아 있는 활기를 불어다주었다.

사진 2.54 원 센트럴파크, Jean Nouvel 설계, 오스트레일리아, 시드니

사진 2.55 원 센트럴파크, Jean Nouvel 설계, 오스트레일리아, 시드니

2. 광장 – 자연과 사회적 공간

과거 고대 그리스 도시에는 아고라(Agora)라는 장소가 있었다. 이는 사람들이 모이는 곳이라는 뜻이다. 아고라는 시민에게 중심이 되는 장소로 종교, 정치, 사법, 사교 등 사회의 사회적인 일들이 이루어진 곳이다(사진 2.56). 보통 아고라를 중심으로 주위에 건축물들이 생겨나서면 도시가 발달해 나갔다. 이후 유럽에서 이러한 장소들은 대부분 권력과 종교의 힘을 시민들에게 보여주기 위한 장소로 이용되었다. 한 예로 잔 로렌초 베르니니에 의해 설계된 성베드로 광장은 바티칸 사국에 있는 미켈란젤로 성베드로 대성전 앞에 위치해 있다. 이곳은 현재까지도 종교적 집회지로 사용하고 있다(사진 2.57). 세계에서 가장 많은 관광객이 방문하고 있는 콩코드 광장 역시 당시 나폴레옹이 전쟁의 승리를 맞이하는 대규모의 군사력 과시용 시민의 모임 장소였다.[32]

사진 2.56 아고라, photo from "Aera of the Ancient Agora",
≪Young Agressive Sincere Organized and United≫, ⓒ Yasou.

사진 2.57 성베드로 광장

과거와는 달리 현대에 와서는 이러한 광장의 기능이 공공의 공간(Public)이라는 개념으로 전환되었다. 도시의 밀집화로 점차 사람들은 도시 안에서 공공의 공간을 점차 잃어가고 있는 추세이기 때문에 많은 사람들이 한 광장에서 모이고 여가 활동을 한다. 도시가 밀집되고 많은 빌딩들이 들어서면서 이러한 장소들이 시민의 건강한 삶에 아주 중요한 지표가 되고 있다. 현대 도시의 광장은 사람들이 모이는 쉼터가 되며, 이벤트의 장소가 되고, 퍼블릭 마켓과 같은 집결지의 역할을 한다. 또한 보통 광장에는 사람들이 앉을 수 있는 벤치가 있고 잔디가 있으며, 햇빛으로부터 그늘을 제공해주는 나무가 있다. 이러한 광장에는 사람들이 항상 끊이지 않으며, 이는 곧 주위의 상권 발전에도 도움을 주고, 사람들에게 사회적인 공간을 제공하는 동시에 자연적인 공간이 함께하는 곳이다.

사진 2.58 시카고의 300 노스 라셀 빌딩(300 N.LASALLE, chicago)

사진 2.59 시카고 밀레니엄파크(Millenium Park, chicago)

[32] Risebero, Bill. 2012. *The Story of Western Architecture*. A and C Black.

3. 형태 변화에 따른 지속 가능한 공간 창출

디자인 형태에서 외부 공간의 창출은 곧 자연과 사회적 교류가 일어날 수 있는 공간으로 탈바꿈될 수 있다. 또한 건물의 형태를 주위 환경과 연속적인 관계를 만들어 나갈 수 있는 요소로 작용할 수 있다. 직사각형의 보편적인 타워 형태의 변형을 통해 다양한 외부공간을 창출해낼 수 있다(다이어그램 2.11). 실제로 빌딩 형태의 중간에 위치해 있는 공용공간이 프로그램의 연결성을 가져다주고, 옥상에 있는 정원 공간보다 사용률이 높다. 이러한 공간은 녹지의 조성뿐 아니라 건물 내부의 사회적인 공간으로도 사용될 수 있으며, 평면적인 도시의 기능을 초고층인 수직 동선으로 연결시키는 역할을 한다. 다양한 형태 변화를 통해 초고층 빌딩의 프로그램 속 업무, 주거, 상가, 오락, 문화, 자연, 햇빛 등 도시기능이 생기는 데 필요한 일상적인 요소들의 결합을 이룰 수 있다. 이는 곧 초고층 빌딩 속에서의 지속 가능한 공간 창출의 한 방법일 것이다.

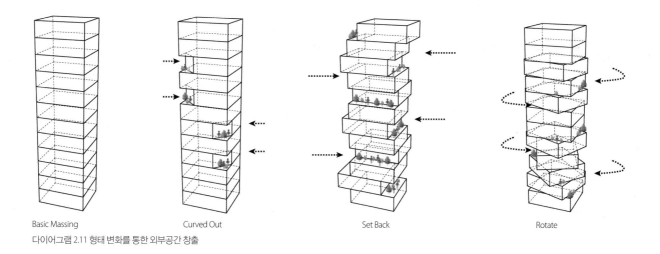

Basic Massing   Curved Out   Set Back   Rotate

다이어그램 2.11 형태 변화를 통한 외부공간 창출

한 예로, 매스 스터디(Mass Studies)가 디자인한 부티끄 모나코(Boutique Monaco) 타워를 볼 수 있다. 2008년에 완공된 이 빌딩은 총 172개의 유닛이 있으며, 49개의 다양한 사이즈와 형태의 유닛이 있다. 전체 건물 매싱에 15개의 빈(Void)공간이 있고 이 공간은 야외 테라스로 디자인되어 더 많은 일조량과 전망을 제공하는 역할을 하도록 설계하였다. 야외 테라스를 이용한 자연적인 요소의 유입은 건물의 입주자들에게 쉼터를 제공하고, 자연과의 직, 간접적 상호적 연계성을 제공한다. 또한 이 공간들은 디자인 요소로 건물 전체의 매싱과 어우러져 건물 밖의 사람들에게도 자연친화적 시각적 흥미를 끌어오는 직, 간접적인 역할을 한다.

사진 2.60 메스 스터디의 부티끄 모나코

제3장

초고층 빌딩의 테크니컬 디자인의 구체적 서술

DEVELOPMENT OF TECHNICAL DESIGN FOR TALL BUILDINGS

초고층 기술 설계 프로세스 개요
TECHNICAL DESIGN ELEMENTS SUMMARY

앞에서는 초고층 빌딩 설계의 전체적인 디자인 접근방법과 철학적 고찰, 그리고 전체적인 디자인에 다가가는 개념적 과정에 대해 다루었다. 초고층 빌딩의 전체적인 디자인 콘셉트와 방향을 잡은 후에는 어떤 프로세스가 필요할까? 디자인을 발전시키는 이 프로세스는 초고층 빌딩의 매우 근본적인 기술적 요소들과 관련이 깊다. 초고층 빌딩 설계에서 가장 중요한 기술적 요소들을 필자는 다음과 같이 분류한다.

> 1. 코어 디자인(Core Design)
> 2. 수직 동선 디자인(Vertical Transportation Design)
> 3. 파사드 디자인(Façade Design)

이 세 가지의 기술적 요소들은 초고층 빌딩을 구성하는 대표적인 기술적 디자인 요소들로서, 초고층 빌딩의 독특한 특성을 뒷받침해주는 요소들이다. 이 기술적 요소들을 기본으로 접근해가면서 초고층 빌딩에 대한 이해를 해보자.

1. 코어 디자인(Core Design)

초고층 빌딩에서 코어(Core)를 디자인한다는 것은 빌딩의 척추를 디자인하는 것과 다름없다. 코어 안에는 빌딩에서 가장 필요한 중추적 요소들이 들어서기 때문이다. 대표적 구성 요소로는 엘리베이터, 엘리베이터 호이스트, 계단실 등 수직적 동선 요소들이 있으며, 각종 설비시설과 공간(MEP), 빌딩 지원시설(Building Support Facilities) 등이 들어간다. 공간적인 구조적 지지 외에도 코어는 그 자체적으로 빌딩의 구조와 연관이 깊다. 동선의 효율성을 고려하여 대부분의 코어는 빌딩의 가운데에 위치하기 때문에 코어의 벽체는 자연스럽게 빌딩의 기본적 · 구조적 뼈대가 되며, 또한 코어의 구조 시스템은 건물 전체의 구조와 연결이 되어 있는 중요한 요소이다. 이토록 코어는 빌딩의 중추적 요소들과 밀접해 있기 때문에 코어를 디자인할 때는 세밀한 고찰이 필요하다. 코어는 빌딩의 그리드(Building Grid), 즉 건물의 기본적인 모듈과도 연관되어 있으며, 여기서 세부적 공간의 디자인이 시작된다고 본다. 건물의 구조, 임대공간의 효율성 등 코어 디자인과 많은 부분이 연관성을 가지고 있다.

2. 수직 동선 디자인(Vertical Transportation Design)

초고층 빌딩은 모든 공간이 수직적으로 나열되는 빌딩이다. 낮게는 200m에서 높게는 1km 이상을 올라가야 하는 특성 때문에 초고층 빌딩에서 효율적인 수직 동선 디자인은 필수적 요소이다. 보통 지상에서 대기시간을 포함하여 목적층에 도달하기까지 최대 약 3~4분 내로 디자인을 한다. 그렇게 하기 위해 각 공간의 구역(Zoning)을 효율적으로 구성해야 하며, 동선의 디자인이 체계적으로 이루어져야 한다. 각 구역(Zone)에 도달하는 방법과 시간, 엘리베이터 대기시간과 대기공간의 위치와 디자인, 스카이 로비의 위치와 스카이 로비의 설계 등이 수직 동선 디자인에서 가장 중요한 요소이다.

수직 동선 디자인 중에서 엘리베이터 동선의 설계만큼 중요한 것이 계단실의 설계이다. 특히 초고층 빌딩 디자인의 진행은 후반부에 갈수록 비상시 탈출(Fire Egress)에 대한 솔루션이 그 프로세스의 대부분을 차지한다. 계단실의 위치와 갯수, 입구의 위치 등은 방화계획과 깊은 연관이 있으며, 임대공간 디자인에도 크게 영향을 미치기 때문에 세밀한 디자인 고려가 요구된다.

3. 파사드 디자인(Façade Design)

파사드 디자인, 즉 외관·외벽 디자인은 초고층 빌딩 설계의 백미라고 할 수 있다. 앞서 결정한 형태(Geometry)와 빌딩 시스템을 적극 표현할 수 있는 부분이 바로 이 파사드 디자인이다. 흔히 파사드 디자인 또는 외벽 디자인(Exterior Wall Design)이라고 부르는 이 과정은 빌딩의 코어와 수직 동선 디자인과도 밀접한 관계가 있다. 코어와 파사드의 관계는 그리드(Grid), 즉 빌딩의 모듈과의 관계에서 두드러진다. 빌딩의 모듈이 코어와 공간에서 구획된다면 파사드는 그 그리드를 따라 디자인되는 것이 여러 가지 면에서 유리하다. 물론 예외의 경우도 있다. 이 책에서는 전반적인 디자인 과정을 소개하는 것에 중점을 두기에 일반적인 접근방법에 대한 서술에 집중하겠다.

또한 파사드 디자인은 빌딩의 설비 시스템과 구조 시스템, 외관요소의 기술적인 요소들과 매우 밀접하게 관련이 있다. 이에 따라 단순한 외피 디자인의 고려가 아닌 심도 있고 총괄적인 디자인 접근법이 필요하다.

3.2 초고층 빌딩의 코어 디자인
CORE DESIGN OF TALL BUILDINGS

초고층 빌딩의 코어는 빌딩의 중추적인 역할을 하는 요소로서 모든 기초적인 기술적 요소들과 연관성이 높다. 코어의 모양은 대체적으로 빌딩의 형태를 따라가는 것이 내부공간의 효율성을 높이는 데 유리하다. 하지만 반드시 형태를 그대로 따라가야 하는 것은 아니다. 때로는 빌딩의 외부적 형태와 다른 코어가 디자인되는 경우가 있다. 이는 어디까지나 빌딩의 공간의 효율성을 극대화하는 디자인이라는 전제 아래에서만 가능하다. 그렇기 때문에 대부분의 코어 디자인이 외부 건물 형태와 연관되는 디자인이라는 점을 강조하고 싶다.

아래 이미지들은 각 형태에 따른 코어의 모양과 디자인을 알아볼 수 있는 예이다. 부르즈 할리파(Burj Khalifa)의 평면은 코어의 형태가 Y자 모양인 평면의 외부 형태를 따라가면서 동시에 구조적 지지 역할을 하고 있는 코어의 형태를 엿볼 수 있다. 1장에서 언급한 삼각대 형태(Tripod System)의 전형적인 평면과 구조형태를 보이는 예이다(사진 3.1).

타이페이 101(Taipei 101)*은 전형적인 정사각형 형태의 코어를 보여준다. 평면에서 보이는 두꺼운 기둥들은 수퍼 칼럼(Super Column) 구조 시스템으로서 코어의 구조적 프레임과 보(Beam)로 연결된다. 오피스의 전형적인 평면 구조처럼 밀도가 높은 코어가 가운데에 위치하여 효율적인 공간 배치를 보여주는 평면이다(사진 3.2).

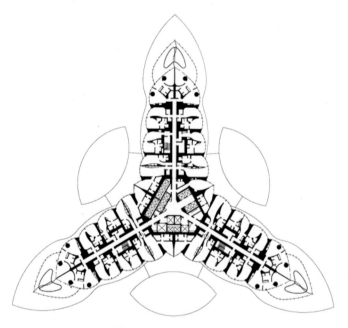

사진 3.1 호텔 평면도의 예 - 부르즈 할리파의 호텔 전용 평면도
Minutillo, Josephine. "Architectural Technology the Burj Khalifa's Designers Tackle Extreme Height and Climate to Create an Icon." Architectural Record. (2010): 89. Print

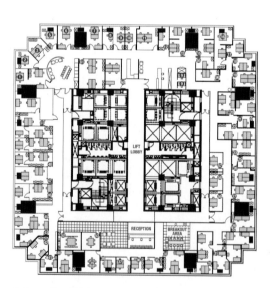

사진 3.2 오피스 타워의 예 - 타이페이 101 타워의 37층 평면도
© C.Y.Lee & Partners/Image from executivecentre.com.hk

---

*TAIPEI 101 : 타이완 타이페이 위치, 101층, 높이 509m, C.Y. Lee & Partners 설계, 2004년 완공.

에미리트 타워**는 보기 드문 삼각형 형태의 평면을 보여준다(사진 3.3). 호텔 용도로 쓰이는 이 타워는 상대적으로 코어의 크기가 매우 작기 때문에 전체 매싱과 같은 삼각형 형태의 코어로 디자인되었다(주거와 호텔 용도의 코어 디자인 참고, p.89). 시카고의 아쿠아 타워***는 전형적인 주거 타워의 내부공간 디자인을 보인다. 각 유닛이 코어로부터 복도 공간으로 이어져 각 유닛의 크기를 극대화하여 효율적으로 배치되어 있는 모습을 볼 수 있다(사진 3.4).

기본적으로 코어에 들어가는 요소들을 살펴보면 다음과 같다. 엘리베이터와 엘리베이터 호이스트, 엘리베이터 피트와 기계실을 포함, 계단실과 복도 등의 순환(Circulation)공간, 피난공간, 각 층에 이어지는 파이프 등의 샤프트(Shaft) 공간, 그리고 빌딩 내부의 서비스 공간(화장실, 탕비실, 창고) 등이 들어간다.

코어는 건물의 기본적인 뼈대가 되는 기능을 한다. 코어월의 구조적 시스템에 따라 전체적인 건물 구조의 시스템도 정해진다. 높이가 올라가면서 생기는 구조적 변화도 이 코어와 연관이 있으며, 모듈과 벽체의 두께 또한 내부공간에 지대한 영향을 미치는 핵심적인 요소이다. 또한 이러한 코어의 효율성은 빌딩의 건축 비용 절감과도 연관이 있기 때문에 보다 효율적인 디자인으로 보다 합리적인 건축 비용을 산출할 수 있다.

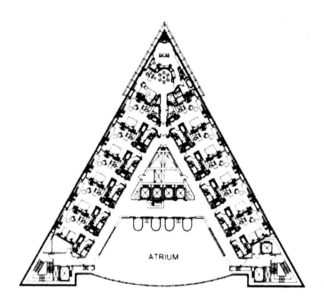

사진 3.3 삼각형 형태 건물의 예 - 에미리트 타워 평면도
© NORR Architects Engineers, Planners/Image from worldfloorplans.com

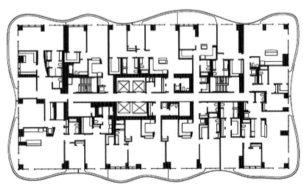

사진 3.4 주거 전용 건물의 예 - 아쿠아 타워 평면도
© 2010 Studio Gang Architects

※상기 도면들은 non-scale로 배치되었음.

**EMIRATES TOWER: 아랍에미리트 두바이 위치, 56층, 높이 309m, NORR Architects Engineers Planners 설계, 2000년 완공.
***AQUA TOWER: 미국 시카고 위치, 82층, 높이 261.8m, STUDIO GANG ARCHITECTS 설계, 2009년 완공.

1. 빌딩의 모듈(Building Module)

코어를 디자인하는 데 가장 중요한 단계라고 할 수 있는 빌딩의 모듈에 대해 알아보자. 빌딩의 모듈(또는 빌딩 그리드)은 건물의 기본적인 공간의 단위를 말한다. 일정한 그리드에서 시작한 빌딩의 모듈을 정하는 것은 초고층 빌딩의 효율적인 공간 구성을 위해 반드시 고려해야 할 우선적 요소이다. 빌딩의 모듈은 건물의 모든 요소와 관련되어 있다. 구조 프레임, 건물의 자재, 인테리어 요소들(조명, 스프링쿨러 등의 레이아웃), 설비(MEP) 시스템의 레이아웃과 서비스 등은 공간이 모듈화되어 있을수록 유리한 빌딩 디자인 요소들이다.

아래 다이어그램 3.1은 일반적인 빌딩 그리드의 개념적 이해를 돕기 위한 다이어그램이다. 빌딩을 코어를 기준으로 9등분 또는 15등분 또는 그 이상으로 일정한 간격으로 나누어 그리드(Grid)를 구축하여 설계에 도움이 되도록 공간을 분할하는 것이다.

다이어그램 3.1 빌딩 그리드 다이어그램

이러한 모듈을 바탕으로 디자인된 초고층 빌딩은 존 행콕 타워(John Hancock Tower),* 윌리스 타워(Willis Tower, 구 시어스 타워, Sears Tower) 등 수도 없이 많다. 특히 높은 높이를 가진 초고층 빌딩의 특성상 비슷한 단위면적을 가지고 있다면 특히나 이러한 모듈화된 평면으로 계획을 하는 것이 효율성을 고려한 면에서 매우 유리하다. 다양한 디자인의 변화도 이러한 모듈이 효율적으로 성립되어 있다면 체계적인 디자인이 이루어질 수 있다.

현대건축의 아버지라 불리는 독일 출신의 건축가인 미스 반 데 로에(Mies van der Rohe)는 크라운 홀**의 디자인에서 이러한 모듈화된 건물이 구조적으로 공간에 주는 자유로움과 유동성이 높은 공간 계획을 보여주고 있다(사진 3.5~3.6). 비록 크라운 홀은 초고층 빌딩은 아니지만, 건물이 가져야 할 기본적인 빌딩 그리드 시스템을 공간적으로나 구조적으로 훌륭히 소화시킨 건물로 평가되며, 다른 미스(Mies)의 초고층 빌딩 디자인에도 큰 영향을 미친 초석이 되었다. 미스 반 데로에의 모듈화 시스템을 이용한 초고층 디자인은 동시대에 디자인된 초고층 빌딩들에 큰 영향을 미쳤다. C.F. Murphy Associates에서 디자인한 시카고의 데일리 센터(The Daley Center)***는 기둥과 기둥 사이가 21m 정도 되는 모듈로 디자인되었고, 그 로비의 유리 패널부터 모든 파사드의 분할이 빌딩 그리드를 따라가는 형태이다. 일정 그리드를 따라가는 구조 시스템 덕분에 그 내부공간에는 추가적인 기둥이 필요가 없어 평면 효율성이 매우 높은 공간을 만들어낸다(사진 3.7).

---

*JOHN HANCOCK TOWER: 미국 시카고 위치, 100층, 높이 344m, SOM 설계, 1969년 완공.
**CROWN HALL: 미국 시카고 위치, Mies van der Rohe 설계, 1950~1956년 완공.
***THE DALEY CENTER: 미국 시카고 위치, C.F. Murphy Associates 설계, 31개층, 1965년 완공.
****KLUCZYNSKI FEDERAL BUILDING: 미국 시카고 위치, Mies van der Rohe 설계, 45개층, 1974년 완공.

미스(Mies)의 이러한 접근은 훗날 그가 디자인하는 초고층 빌딩들에도 계속 적용된다. 시카고의 연방정부건물****
도 훌륭한 빌딩 그리드 시스템과 모듈화된 요소들의 조화가 어울어진 70년대의 대표적인 현대적 초고층 빌딩으
로 자리 잡았다(사진 3.8). 효율성이 높은 공간 창출을 목표로 하는 현대건축에서는 이러한 빌딩의 모듈은 매우
중요한 키로 작용한다. 빌딩의 그리드를 정하고 그것을 바탕으로 하여 디자인을 하는 것은 매우 간단한 접근법으
로 보이지만, 형태 안에서 일정한 모듈을 찾고, 복합적인 용도 또는 특정 용도의 빌딩 평면형태를 각각 만족시키
는 디자인으로 풀어내기가 쉽지 않다. 다음으로 기본적인 빌딩 모듈을 따라 설계된 대표 건물들의 예를 살펴보자.

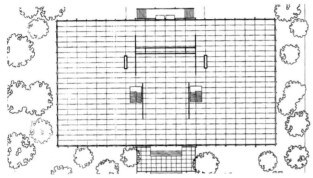

사진 3.5 크라운 홀의 평면도와 내부 사진, 1969
Modern Buildings(John Winter; Hamlyn Publishing Group, 1969)

사진 3.7 시카고의 데일리 센터의 로비 입구, 시카고, 2013

사진 3.6 크라운 홀의 외부와 내부, 시카고, 2013

사진 3.8 시카고의 연방정부빌딩, 시카고, 2013

존 행콕 타워(John Hancock Tower)*는 복합 용도의 빌딩이다(사진 3.10). 지하층부터 저층부는 상업시설로 구성되어 있고, 중층부까지는 일반 오피스시설, 그리고 상층부는 일반 주거시설이며, 제일 최상층은 전망대와 레스토랑이 들어서 있다. 타워의 단면에서도 알 수 있듯이 위로 올라갈수록 빌딩 전체의 볼륨이 작아지는 형태(Tapered Shape)이다. 평면도를 보면 각 층의 평면은 일정 그리드 안에서 구성되어 있는 것을 알 수 있다. 주차장층, 즉 빌딩의 최저층부에서 시작된 이 그리드 시스템을 바탕으로 건물이 위로 올라갈수록 전용면적이 작아지는 형태를 따라 그리드 시스템 안에서 평면의 변화가 생긴다. 코어의 경우 저층부와 중층부에 있는 오피스에 서비스를 하기 위하여 전체적으로 엘리베이터 이용의 빈도가 높고, 상층부의 주거시설의 경우는 빌딩의 모듈을 따라가면서, 코어의 크기가 상대적으로 줄어든 것을 볼 수 있다(사진 3.9).

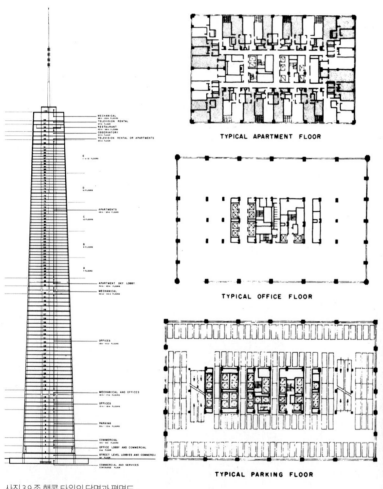

사진 3.9 존 행콕 타워의 단면과 평면도
© SOM/Image from http://arch409.wikia.com/wiki/File:Plan_sec.jpg

사진 3.10 존 행콕 타워, 시카고

*JOHN HANCOCK TOWER: 미국 시카고 위치, 100층, 높이 344m, SOM 설계, 1969년 완공.

아쿠아 타워(Aqua Tower)**의 경우는 존 행콕 타워와 조금 다른 경우이다. 아쿠아 타워는 저층부와 고층부의 전용평면이 일정하게 같은 면적으로 올라가는 형태이다. 올라갈수록 작아지는 형태(Tapered Shape)가 아니라 매싱이 일직선으로 올라가는 것이다(사진 3.11). 아쿠아 타워의 흥미로운 점은 내부공간은 일정한 그리드 시스템을 철저히 따르는 평면 구조이면서, 그 구조를 넘어선 바깥쪽, 즉 테라스 부분에 다양한 변화를 주어 디자인적 요소가 강한 빌딩으로 탄생시켰다는 점이다(사진 3.12). 테라스 부분을 제외한 다른 평면의 모습은 옆의 존 행콕의 평면과 크게 다를 것이 없는 전형적인 평면이지만, 외부의 자유로움과 비규칙적인 패턴으로 구성된 콘크리트 테라스는 건축가가 내부적으로는 효율적인 공간을 꿈꾸면서, 외부적으로는 다양한 디자인을 표출했다는 것을 느낄 수 있다(사진 3.13~3.15).

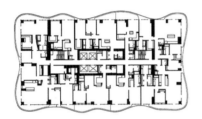

사진 3.11. 아쿠아 타워의 평면도
© 2010 Studio Gang Architects

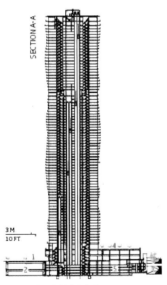

사진 3.12 아쿠아 타워의 단면도
© 2010 Studio Gang Architects

사진 3.13 아쿠아 타워 - 테라스뷰

사진 3.14 아쿠아 타워 - 테라스뷰

사진 3.15 아쿠아 타워, 시카고

**AQUA TOWER: 미국 시카고 위치, 82층, 높이 261.8m, STUDIO GANG ARCHITECTS 설계, 2009년 완공.

2. 일반 오피스의 코어의 리스스팬(Lease Span of Typical Office Core)

초고층 오피스의 한 개층의 적절한 전용면적은 대략 1,500m²에서 4,000m² 정도이다. 이러한 면적 범위는 초고층 타워들의 대략적인 평균적 수치이다. 이 면적 범위의 평면 판(Floor Plate)은 비상시 피난거리 규정을 지킬 수 있는 범위의 크기이며, 동시에 다른 설비시설(MEP) 등의 서비스의 효율성을 높히는 기준이 되는 면적이다. 1,500m²에서 4,000m² 정도라는 이 범위는 매우 넓지만, 보통 단일 임차 사무실(Single Tenant Office)의 경우 약 2,000m² 안팎으로 디자인을 시작한다[메가 톨(Mega Tall) 이하의 초고층 기준]. 만약 메가 톨 빌딩의 경우 가장 큰 면적의 평면 판(Floor Plate)의 넓이는 3,000m² 이상이 될 수 있다. 오피스 한 개 층의 전용면적이 중요한 이유는 다른 건축 법규를 만족시키기 위함도 있겠지만, 무엇보다 합리적이고 효율적인 공간 창출을 위해서이다. 흔히 리스스팬(Lease Span)이라고 불리는 이 공간은 코어에서부터 외벽(Exterior Wall)까지 임대 가능(Leasable)한 공간을 말하는데, 그 공간의 깊이가 최소 9m에서 12m 정도인 공간이 가장 효율적인 평면공간으로 인식한다(사진 3.16).

일반적인 오피스 평면은 기둥이 저층 빌딩보다 적게 배치되어 기둥이 없는 면적(Column-free Area)이 많고 임대자들이 자유롭게 쓸 수 있는 공간이 많다. 초고층 빌딩의 수명이 상대적으로 길기 때문에 내부의 오피스 임대공간들은 다른 목적의 공간으로 바뀔 수 있는 가능성이 있다. 그렇기 때문에 최대한 많은 공간의 변화가 수용 가능하도록 설계하는 것이 중요하다(사진 3.17).

흔히 오피스의 내부 디자인은 단일 거주공간(Single Tenant Space)과 멀티 거주공간(Multi Tenant Space)으로 구분하여 디자인하는데, 코어 자체의 디자인에는 영향이 없지만, 엘리베이터의 위치와 복도(Cooridor)의 동선에 대한 적절한 고려가 필요하다. 위에 언급한 9~12m 정도의 리스스팬(Lease Span)은 두 가지 경우 모두에 적합한 디자인 범위이다.

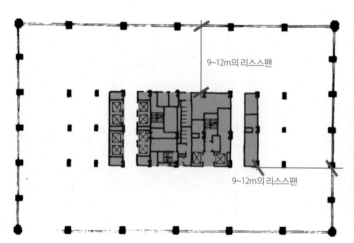

사진 3.16 존 행콕 타워의 일반 오피스공간 다이어그램

사진 3.17 IBM 타워의 내부 인테리어 사진(Thornton Tomasetti Office)

3. 주거시설과 호텔시설의 리스스팬(Typical Residential and Hotel Core and Lease span)

오피스 건물에 비해 호텔이나 아파트공간의 평면 판(Floor Plate)은 상대적으로 작다. 대략 한 개 층의 면적은 1,500m²에서 2,000m²가 적정하다. 이 또한 초고층 주거 타워들의 대략적인 평균 수치에서 나온 데이터이다. 초고층 빌딩의 코어 중에서 가장 작은 형태가 주거 코어이기 때문에 매우 효율적인 디자인이 필요하다.

주거공간은 엘리베이터 사용의 빈도가 오피스에 비해 상대적으로 낮기 때문에 적은 수의 엘리베이터가 요구된다. 보통 주거 코어의 엘리베이터의 수는 전체 건물 안의 세대 수에 따라 결정이 된다. 또한 각 세대의 면적은 분양과 임대 사업성과 긴밀히 연관되어 있기 때문에 각 세대의 면적은 극대화되고 코어와 복도공간은 최소화시킨다. 이렇게 코어의 공간은 최소화되어 있어 전체 공간에 비해 코어의 비중이 작기 때문에 주거공간의 효율성은 매우 높게 디자인된다. 보통 주거 세대의 레이아웃은 각 층마다 반복적으로 이루어진다. 그러므로 수직적 · 반복적으로 이루어지는 공간은 건물 전체에 더욱 효율적인 공간을 제공한다(사진 3.18).

호텔의 경우는 주거시설의 코어와 비슷하다. 오피스보다는 작지만 주거시설보다는 약간 크다. 이는 코어에 요구되는 엘리베이터의 수가 조금 더 많기 때문이다. 호텔도 주거시설과 마찬가지로 평면 판(Floor Plate)의 면적이 1,500m²에서 2,000m²가 적당하다. 호텔 코어 디자인에서 중요한 것은 동선의 처리이다. 엘리베이터에서 내린 사용자들이 쉽게 복도를 따라 각 유닛으로 들어갈 수 있도록 설계하는 것이 중요하다. 이러한 동선은 방화 계획(Fire Egress)하고도 연관이 있다. 대부분의 사람들이 호텔을 단기간 이용한다는 점을 고려하면 피난계단 등에 쉽게 접근이 가능한 레이아웃으로 디자인하여야 한다(사진 3.19).

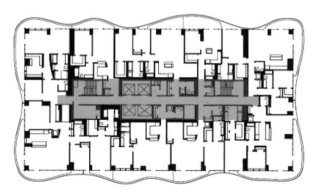

사진 3.18 아쿠아 타워의 주거 평면도 다이어그램

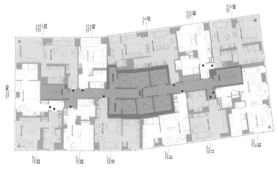

사진 3.19 뉴욕 트럼프 소호 호텔의 평면도

4. 복합 용도 타워의 코어 설계(Typical Core Design for Mixed-use Tall Buildings)

앞서 언급했듯이 초고층 빌딩은 점차 복합적인 용도로 쓰이는 추세이다. 최소 1~2개의 용도로 쓰이며, 많게는 5~6개의 복합적인 용도로 쓰일 수 있는 것이 초고층 빌딩이다. 코어는 빌딩의 중추에서 이 모든 용도에 대한 서비스를 충족시켜야 한다. 특히 오피스, 호텔, 아파트, 전망대 용도등이 섞여 있을 때는 지상 1층 로비에서부터 세심한 동선의 분리가 요구된다. 이런 복잡한 동선 분리를 위해 많이 이용하는 것이 Y자 형태의 코어이다.

복합 용도 타워의 코어의 디자인에서 가장 중요한 것이 바로 동선의 분리이다. 각 용도의 공간을 이용하는 사용자들은 각기 다른 층으로 접근해야 하기 때문에 이 사용자들의 동선은 절대로 섞여서는 안 된다. 사용자의 편의와 보안상의 이슈로 호텔과 주거는 철저히 오피스 동선과 분리되어야 한다. 아래 부르즈 할리파의 로비 평면 다이어그램을 보면, 오렌지색의 엘리베이터 구역은 주거, 녹색의 엘리베이터 구역은 부티크 오피스, 그리고 보라색 엘리베이터는 호텔시설을 위한 것으로 디자인되어 있다. 삼각대 형태, 즉 Y자 모양의 빌딩 형태는 이렇게 각 용도의 접근이 철저한 동선 분리를 통해 이루어진다(사진 3.20).

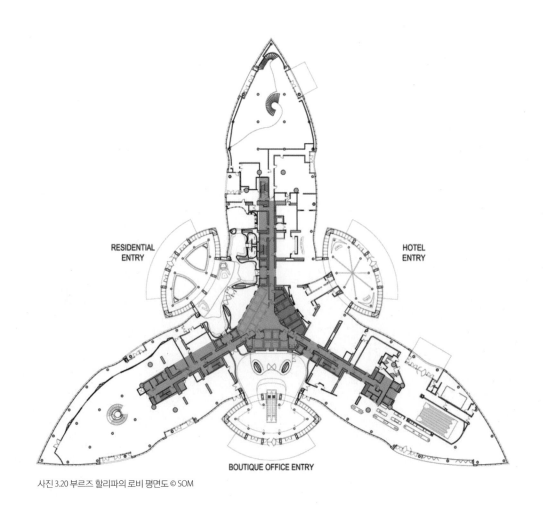

사진 3.20 부르즈 할리파의 로비 평면도 © SOM

3.2장에서는 초고층 빌딩 코어 디자인의 의미와 그 종류, 그리고 각 용도별 코어의 디자인에 대해서 알아보았다. 코어 디자인도 다양한 형태를 가질 수 있다. 일반적인 공간보다 더욱 큰 평면 판(Floor Plate)으로 인해서 두 개 또는 세 개 이상의 코어가 들어서는 빌딩이 있을 수도 있고, 엘리베이터 등의 동선 계획도 건축주의 의도에 맞추어 전혀 다른 접근을 할 수도 있을 것이다. 다만 여기서 다룬 것들은 일반적으로 우리가 초고층 설계를 하는 데 알아두어야 할 기본을 이야기한 것이며, 이를 바탕으로 더욱 자유로운 또는 효율적인 코어 디자인이 탄생할 수 있다고 생각한다.

또한 코어의 디자인은 평면적 동선의 계획뿐만 아니라 동시에 수직적 동선에 대한 계획도 고려해야 한다. 다음으로는 이렇게 평면적으로 고려한 코어의 디자인을 어떻게 수직적 또는 입체적으로 풀 수 있는지에 대해서 알아보자.

사진 3.21 부르즈 할리파, 두바이 © SOM

3.3 수직 동선 디자인
VERTICAL TRANSPORTATION DESIGN

'초고층, 기다림의 시간을 줄여라'

수직 동선은 초고층 빌딩에서 유일한 교통수단이라고 볼 수 있다. 이는 건물의 사용자들을 각 층의 사용공간으로 나르는 역할을 하고, 비상 상황에서는 주요 탈출 경로로 사용되는 것이 주된 기능이다. 수직 동선에는 엘리베이터가 가장 큰 포션을 차지하고 있고, 비상시를 위한 계단실이 있다. 평상시에는 짧은 대기시간과 빠른 시간 내로 승객을 각 층으로 안전하게 나르는 것이 목표이고, 비상시에는 최대한 빠르게 많은 사람들을 대피시킬 수 있도록 디자인이 되어야 한다.

1. 엘리베이터의 역사(History of Elevator System)

초고층 빌딩에서 수직 동선의 주요 요소는 엘리베이터이다. 엘리베이터의 역사는 기원전부터 고안되어 도르래 형태로 사용되어왔다. B.C 236년 아르키메데스가 드럼식 호이스트와 같은 방식의 기계를 발명한 것을 시작으로 1756년 영국의 제임스 와트에 의한 증기기관 발명 이후 동력식 엘리베이터에서 수압식 엘리베이터로 진화되었다. 대부분이 물류를 운반하기 위한 엘리베이터가 대부분이었다.[33]

현재의 엘리베이터와 비슷한 형태는 1852년 엘리샤 그레이브스 오티스(Elisha Graves Otis)가 발명하고 1853년 뉴욕 박람회 때 세계 최초 안전장치(낙하 방지)가 장치된 엘리베이터를 사람들에게 전시하였다. 이전까지는 수압을 이용한 방법을 사용하였지만, 오티스는 케이블과 도르래 리프트 시스템을 이용한 레일에 따라 승강하는 방식으로 비상시, 멈춤쇠의 구조와 기어가 맞물리게 되는 안전장치를 가지게 되었다. 1854년 오티스는 크리스탈 펠리스(Crystal Palace)의 많은 사람들 앞에서 자신이 직접 엘리베이터에 승차하여 케이블을 잘라도 안전하다는 것을 입증하였다(사진 3.23). 이것으로 인해 엘리베이터에 사람들이 승차하게 되는 계기가 되었다. 그 해에 최초로 뉴욕의 E.V. Haughwout 사의 매장에 적용되었고 당시 12m/min의 속도였다.[34]

이로 인해 많은 승객 엘리베이터의 진화와 변화가 진행되었다. 1870년 최초의 유압 시스템 엘리베이터가 시카고의 윌리엄 헤일(William Hale)에 의해 개발되었다. 중앙의 실린더를 이용해 엘리베이터 캡이 움직인다. 유압식은 수압식보다 더 빠르며 안정적이었다. 이후 전기와 오티스 안정방식의 엘리베이터 시스템이 같이 결합되면서 점차 모든 것이 전자화되기 시작되어 오늘날까지 진화한다.[34]

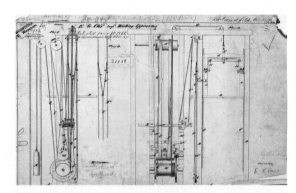

사진 3.22 Elisha Otis's elevator patent drawing, January 1861

---

[33] Ascher, Kate. 2011. "Elevator". *The Heights: Anatomy of a Skyscraper*. Penguin Press: 92-93.
[34] Craighead, Geoff. 2009. *High-Rise Security and Fire Life Safety*. Butterworth-Heinemann: 2-6.

사진 3.23 Elisha Otis at the Crystal Palace Exhibition in London, 1854

2. 엘리베이터 시스템과 디자인(Elevator Sytem and Configuration)

수직 동선 디자인을 하려면 우선 엘리베이터 시스템을 디자인해야 한다. 가장 먼저 고려해야 할 점은 건물의 용도에 따라 몇 대의 엘리베이터가 들어가야 할지에 대한 고려이다. 특히 초고층 빌딩에서 엘리베이터 시스템의 디자인은 사용자의 편의와 빌딩의 효율성과 관계가 깊기 때문에 정확한 계획을 하는 것이 중요하다. 초고층 빌딩의 엘리베이터는 반드시 건물의 특정 용도와 엘리베이터의 수용능력(Capacity)과의 긴밀한 관계를 고려해야 한다.

기본적인 엘리베이터 시스템을 계산하는 조건을 살펴보자.

- 오피스 빌딩의 경우 → 오피스공간의 전용면적을 바탕으로 계산한다.
- 호텔의 경우 → 호텔 객실 수를 바탕으로 계산한다.
- 주거시설의 경우 → 주거 세대 수와 세대별 면적을 바탕으로 계산한다.
- 위의 조건들은 반드시 면적과 세대수 또는 객실의 수를 각 층마다 계산하여야 하며, 각 층의 층고 (Height of the Individual Floor) 또한 고려해야 할 요소이다.

2-1 예상 승강기 이용자 수의 계산법[35]
각 층을 사용하는 사람의 수는 전용공간의 면적으로 계산한다. 'Barney+Santos 1977'[36] 에 따른 사항을 살펴보자.**

- 한 층에 하나의 오피스가 사용되는 경우
  $8\sim10m^2$의 전용면적당 1명(Net Area/Person)
- 한 층에 하나 이상의 오피스가 사용되는 경우
  $10\sim12m^2$의 전용면적당 1명(Net Area/Person)
- 주거시설이나 호텔시설의 경우
  각 1세대당 1.5~1.9명(1.5~1.9People/Room)

위의 계산법에서 조금 더 들어가서 고찰해보면,

- 주거시설은 $13m^2$ 의 면적당 1명
- 호텔시설은 Double Room 하나당 1.5~1.7명, Single Room 하나당 1명
- 주거의 경우 아파트 세대의 면적에 따라 다르지만 보통 한 세대당 1명에서 3명 정도로 계산하는 것이 일반적이다.

위의 계산법은 미주지역과 캐나다, 서유럽 등지에서 흔히 쓰는 엘리베이터 계산법에 기초를 한 데이터이다. 각 지역마다의 법규에 따라 바뀔 수 있는 여지는 있다.

---

[35] Jappsen, Hans M. 2003. "Elevator Installations". *High-Rise Manual*. Germany: Birkhäuser Architecture: 205-207.
[36] Barney, George C. and S.M. dos Santos. 1977. *Lift (Elevator) Traffic Analysis, Design and Control*. London: P. Peregrinus.

2-2 엘리베이터 대기 시간

엘리베이터의 기다리는 시간은 엘리베이터의 효율성과 연관된다. 평균 대기시간(Average Waiting Time)은 승강기와 승강기 간의 평균 시간간격(Average Interval Time)의 반의 값이다. 그러므로 엘리베이터의 시간간격(Interval Time)이 적으면 기다림의 시간(Waiting Time)이 적고 결국 효율적인 엘리베이터 시스템이라 할 수 있다. 특히 출퇴근 시간에 엘리베이터의 효율적인 디자인은 엘리베이터의 효율성뿐만 아니라 빌딩 자체의 효율성에도 영향을 미친다고 할 수 있다.

평균 시간간격(Average Interval Times)	등급
20~25초	매우 우수
25~30초	우수
30~35초	보통
35~40초	불만

다이어그램 3.2 평균 시간간격 분석표

평균 시간간격(Average Interval Time)에 대한 데이터를 분석해보자. 엘리베이터와 다음 엘리베이터의 사이 시간, 즉 시간간격(Interval Time)이 적을수록 대기시간이 줄어든다. 보통 평균 시간간격이 20~25초일 경우에 사용자들이 매우 만족하는 것으로 알려졌고, 25~35초 사이일 경우에는 보통으로 만족하였으며, 35초에서 40초가 넘어갈 경우에는 대기자들이 매우 불만을 느끼는 것으로 분석되었다.[35]

2-3 엘리베이터의 속도

엘리베이터의 속도는 호이스트의 높이와 엘리베이터의 계산 방법에 따라 달라진다. 빠른 스피드의 엘리베이터는 멈추는 구간이 적은 곳에 적합하며, 시간을 단축해줄 것이다.

독일에서 가장 빠른 엘리베이터를 가진 오피스 빌딩은 포츠다머 플라츠(Potsdamer Platz)이며 최고 속도는 올라가는 경우가 8.5m/s, 내려오는 경우가 7m/s이다. 대만의 타이페이 101 빌딩은 올라가는 경우 16.7m/s의 속도를 낼 수 있다. 타이페이 101와 부르즈 할리파의 경우 고속의 속도와 승객의 안전, 소음을 막기 위해 엘리베이터 캡 자체를 유선형으로 디자인해서 공기의 저항을 줄이는 효과를 가지고 있다.[36]

**엘리베이터 이용자 수의 계산법에 대한 자세한 설명을 추가하자면, 만약에 평면 판(floor plate)이 각 층의 전용면적이 2,000m²라고 가정하고 오피스의 층수가 50층[25개 층은 각 층마다 하나의 오피스가, 25개 층은 두 개 이상의 오피스가 들어서는 여러 임차인(multi tenant)이라고 가정], 주거시설이 25층, 호텔이 25층이라고 가정해보자. 그럴 경우에 아래 단일 임차인(single tenant) 25개 층에 필요한 엘리베이터의 수를 계산해야 하고, 그 다음으로는 여러 임차인(multi tenant) 25개 층에 필요한 엘리베이터의 수가 필요하며, 각 25개 층의 호텔과 주거시설에 제공해야 할 엘리베이터의 수가 필요할 것이다. 여기서 제시하는 기준에 의하면 오피스 단일 임차인 구역(single tenant zone)을 위해서 총 2,000m² 면적으로 계산하여 각 층마다 엘리베이터는 200명을 수용 가능해야 하고, 여러 임차인 구역(multi tenant zone)에선 각 166명, 주거층에서는 각 층의 세대 수에서 1.5에서 1.9를 곱한 수의 인원을 수용 가능하도록 설계하여야 한다.

3. 수직 동선의 조닝(Zoning of Vertical Transportation)

수직 동선 디자인을 위해서는 빌딩을 수직적으로 공간을 나누어 생각을 하는 단계가 필요하다. 건물 안에 들어설 프로그램들을 수직적으로 구분하고 조닝하는 것을 스태킹(Stacking)이라고 한다. 이러한 스태킹을 이용해 수직적 조닝(Zoning)을 할 때는 여러 가지 접근방법이 있다. 접근성과 효율성을 고려하여 각 용도를 차례로 쌓아 빌딩을 크게 몇 부분으로 나누어 접근해볼 수 있다. 크게는 저층부, 중층부, 고층부로 나눌 수 있다.

3.1 저층부(Lowrise)
저층부에는 주로 오피스 등의 업무시설로 디자인하는 경향이 많은데, 그 이유는 사람의 이동이 많고 엘리베이터의 사용량이 많은 용도가 저층부에 있으면 유리하기 때문이다. 엘리베이터의 갯수가 상대적으로 많이 필요한 오피스 등의 시설을 배치하면 동선의 분리도 유리할 뿐 아니라 사용자들의 편의성도 높일 수 있기 때문에 복합 용도의 초고층 빌딩에서는 주로 오피스 기능을 저층부에 둔다. 간혹 오피스 용도가 상층부에 있는 경우를 볼 수 있는데, 이 경우는 다수를 위한 오피스가 아니라 부티크 오피스 개념으로 소수의 제한된 사람들이 사용할 수 있는 오피스공간이기 때문에 주거시설과 비슷한 빈도 수의 수직 동선이 필요하다.

3.2 중층부와 고층부(Midrise & Highrise)
복합 용도의 초고층의 중층부와 고층부에는 비교적 접근 빈도 수가 낮은 기능을 배치하는데, 주로 호텔이나 주거시설 등이 위치한다. 수직 동선의 디자인에서 조닝이 중요한 이유는 위로 올라가면서 엘리베이터를 제공하지 않은 조닝으로 들어선다면 그 엘리베이터 존을 떨어뜨리면서(Drop) 위로 갈수록 더 많은 공간을 사용할 수 있기 때문이다.

주거를 위에 놓은 결정적 이유 중 하나는, 상업시설이나 업무시설은 모든 공간에 자연광이 깊에 들어올 필요가 없지만, 주거의 경우 자연광이 깊게 들어올 수 있고, 높이 올라갈수록 외부로 보이는 전망의 효과를 기대할 수 있기 때문이다. 초고층의 특성상 위로 갈수록 작은 평면 판(Floor Plate)을 놓을 수 있기 때문에 중층부 이상에는 주로 주거를 배치하고, 상층부에는 주거 혹은 호텔을 넣는 경우가 많다. 하층부로부터의 분리를 통해 좀 더 안정된 공간으로서의 역할이 가능하고, 상층부는 전망과 일조량의 유리함이 많기 때문에 주거 프로그램 들어가는 것이 더욱 유리하다. 보통 상부층 주거의 엘리베이터 로비는 오피스 엘리베이터의 로비와 구분되어 있어서 건물에 주거하지 않는 사람과의 동선과도 겹치치 않으며, 엘리베이터가 저층 부위를 바로 통과 함으로써 수직 동선의 시간 절약도 가능하다. 또한 저층부에 많은 수의 엘리베이터를 설치함으로써, 상층부 부분의 건물에는 보다 적은 엘리베이터를 사용하고 임대공간을 극대화할 수 있게 된다. 그러므로 상층부로 갈수록 좋은 전망과 사생활 보호가 더 유리하여, 주거시설이나 호텔시설의 경우 저층부보다는 상층부에 위치하는 것이 적절하다고 할 수 있다 (다이아그램 3.3).

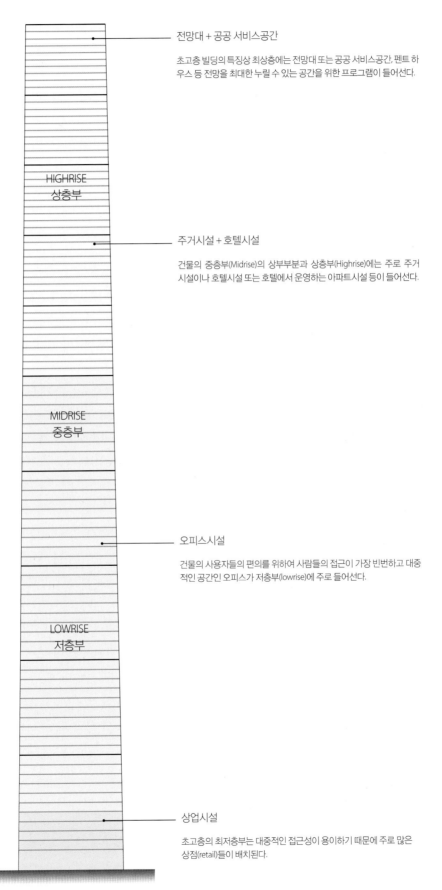

전망대 + 공공 서비스공간

초고층 빌딩의 특징상 최상층에는 전망대 또는 공공 서비스공간, 펜트 하우스 등 전망을 최대한 누릴 수 있는 공간을 위한 프로그램이 들어선다.

주거시설 + 호텔시설

건물의 중층부(Midrise)의 상부부분과 상층부(Highrise)에는 주로 주거시설이나 호텔시설 또는 호텔에서 운영하는 아파트시설 등이 들어선다.

오피스시설

건물의 사용자들의 편의를 위하여 사람들의 접근이 가장 빈번하고 대중적인 공간인 오피스가 저층부(lowrise)에 주로 들어선다.

상업시설

초고층의 최저층부는 대중적인 접근성이 용이하기 때문에 주로 많은 상점(retail)들이 배치된다.

다이어그램 3.3 초고층 빌딩의 ZONING

4. 수직 동선의 그룹과 스카이 로비(Groupping of Vertical Transportation and Skylobbies)

초고층 빌딩의 수직 동선 시스템에서 주목해야 할 것은 스카이 로비이다. 높이가 200m를 넘어서는 초고층 빌딩에서 전체적인 승강기의 크기와 깊이를 줄이기 위하여 쓰는 방법이 스카이 로비를 이용하는 것이다.[37] 로비는 일반적으로 1층 레벨에 있으며(어떤 건물에서는 지하 1층이나 선큰 가든에 있기도 하고, 2층 레벨 정도에 있기도 하다), 모든 엘리베이터의 동선이 겹치는 곳이다. 건물의 사용자들이 엘리베이터를 타기 위해 밀집하는 곳이 로비이며, 이 로비공간은 건물의 각 층에 도달할 수 있도록 엘리베이터를 접근할 수 있는 공간으로 정의할 수 있다. 일반적으로 로비공간은 지상에서 직접적으로 접근이 가능하도록 디자인되며, 보행자의 동선과 방향을 고려해서 디자인된다.

반면에 스카이 로비는 이러한 저층부의 동선을 수직적으로 전환시킨 발상에서 시작된다. 우선 빌딩의 사용자들이 저층부인 지상층에서 접근을 하고 난 후에 스카이 로비로 올라간다. 스카이 로비(Sky Lobby)는 말 그대로 건물의 저층부가 아닌 상층부에 위치하는 로비로서, 그곳에서 다음 층으로 올라갈 수 있는 엘리베이터로 갈아타는 곳이다. 스카이 로비를 이용하면, 지상 1층부터 너무 높은 층까지 여러 대의 승강기를 운행할 필요가 적어져 설치·유지 비용을 줄여주며, 엘리베이터 피트와 오버런(Elevator Overrun) 공간의 깊이를 최소화하기 때문에 공간적인 면에서 매우 효율적이다. 또한 특정 용도의 층에 도달하고자 하는 사람들을 한 곳에 모아서 분배할 수 있기 때문에 동선의 분활적인 면에서 매우 효율적이다.

보통 스카이 로비의 위치나 로컬 엘리베이터의 디자인은 건물에 들어서는 각 용도에 따라 분류가 된다. 이는 오피스와 주거 또는 호텔의 용도에 대한 접근 동선을 철저히 분리하고자 하는 계획 안에서 나온다. 때에 따라서, 하나의 용도의 빌딩 디자인(오피스 전용 타워 혹은 주거 전용 타워)에서도 스카이 로비가 쓰이기도 한다. 수직 동선이 한 번에 올라갈 수 있는 높이와 설비 시스템 등의 한계로 인해, 스카이 로비를 이용하여 중간 중간에 여러 개의 Zone을 나누어 수직 동선을 분리시키는 것이다.

다이어그램 3.4, 3.5에서는 이러한 아이디어를 조금 더 이해하기 쉽도록 설명한다. 다이어그램 3.4는 일반적인 초고층 빌딩(200m 안팎의 높이)에 대한 수직 동선 그룹에 대한 그림이다. 모든 엘리베이터에 이르는 동선은 저층부에 있는 로비에서 이루어지며, 저층부(Lowrise), 중층부(Midrise), 그리고 고층부(Highrise) 이 3가지 그룹으로 엘리베이터 그룹이 형성되어 있다 .

다이어그램 3.5에서는 보다 심화된 엘리베이터 다이어그램을 볼 수 있다. 저층부에 있는 로비에서는 낮은 곳에 위치하는 ZONE 1에 바로 접근할 수 있도록 엘리베이터가 배치되고 ZONE 2, 3, 4는 로비에서부터 각 ZONE의 스카이 로비에 가는 셔틀 엘리베이터를 배치하고, 그 스카이 로비에서부터 또 다른 엘리베이터 ZONE을 설치하는 것이다. 로비를 두 번 거쳐야 하는 번거로움이 있다고 생각할 수도 있지만, 건물의 엘리베이터 ZONE에 대한 효율성과 로비를 위에 한 번 더 위치함으로써 각 용도로의 접근에 대한 보안성 강화라는 이점이 있다.

스카이 로비의 적극적인 이용과 각 용도를 고려한 수직적 동선의 그룹에 대한 계획은 초고층 빌딩의 경제성과 효율성을 높여준다. 이는 엘리베이터의 속도와 수용력과 긴밀한 연관이 있는 동시에 사용자의 편의에 대한 고려가 우선이 된 엘리베이터 레이아웃이 되어야 할 것이다.

---

[37] Jappsen, Hans M. 2003. "Elevator Installations". *High-Rise Manual*. Germany: Birkhäuser Architecture: 210.

수직 동선 그룹 디자인의 예

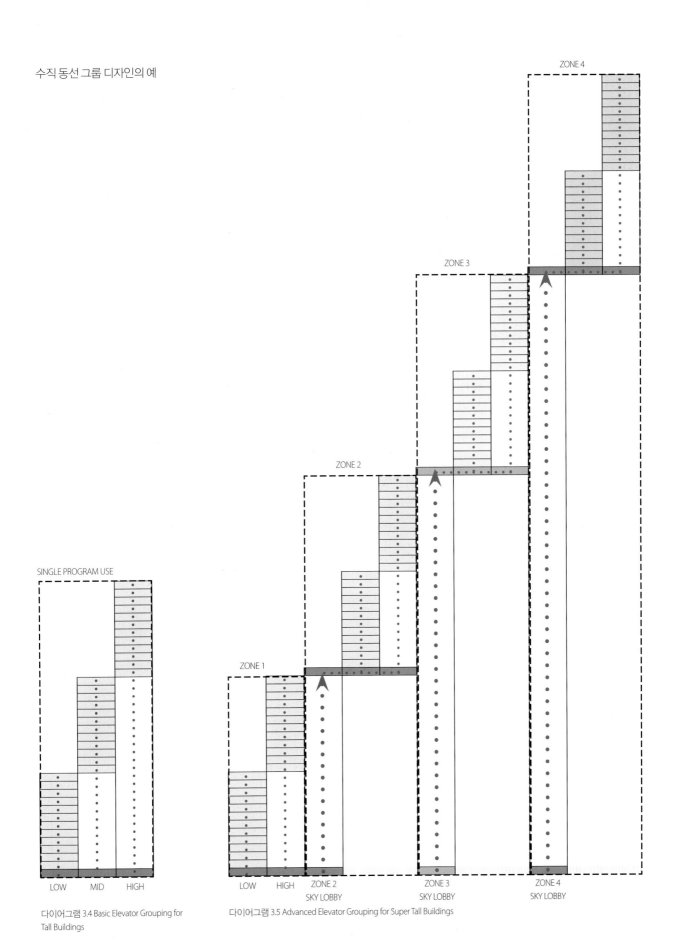

ZONE 4

ZONE 3

ZONE 2

SINGLE PROGRAM USE

ZONE 1

| LOW | MID | HIGH |

다이어그램 3.4 Basic Elevator Grouping for Tall Buildings

| LOW | HIGH | ZONE 2 SKY LOBBY | ZONE 3 SKY LOBBY | ZONE 4 SKY LOBBY |

다이어그램 3.5 Advanced Elevator Grouping for Super Tall Buildings

5. 수직 동선 디자인의 구분 및 종류(Vertical Transportation Configurations)

5.1 데스티네이션 디스패치 시스템(Destination Dispatch System)

일반적인 엘리베이터 시스템과 달리 데스티네이션 시스템(Destination Dispatch System)은 도달하고자 하는 목적 레벨까지 올라가는 승객의 수를 바탕으로 효율적으로 나누어서 승객을 탑승시키는 방법이다. 즉, 비슷한 층으로 이동할 사람들을 모아 같이 이동시키는 것이다. 기존의 엘리베이터는 승객들이 무작위로 탑승하고 매 층마다 정지를 해야 하는 불편함이 있었다면 이 데스티네이션 시스템(Destination Dispatch System)으로는 매 층마다 정지할 가능성을 줄이고, 좀 더 효율적이고 빠른 이동시간을 제공할 수 있다(사진 3.24).

승객은 엘리베이터 탑승 전에 몇 층으로 이동할 것인지를 입력하고 그에 맞춘 지정된 엘리베이터에 탑승하게 된다. 일반적으로 오피스 건물에 많이 쓰이는 시스템인데, 오피스에서 일하는 사람들의 신분증 또는 키카드에 거주하는 층이 입력이 되어 있어서, 입구에서 신분증을 가져다 대면 몇 번 엘리베이터로 가야 하는지를 알려준다. 비슷한 층에 가는 사람들을 모아서 이동시키는 것이다. 데스티네이션 디스패치 시스템은 컴퓨터 프로그램을 통해 제어한다. 더욱이 사용자의 데이터를 축척하고 관찰할 수 있어서 시간대별 엘리베이터의 사용량과 이동경로에 맞춘 대비를 할 수 있다. 한국에는 최근에 완공된 한국 전경련 회관(Adrian Smith and Gordon Gill Architecture 설계)의 로비에서 데스티네이션 디스패치 시스템의 사용을 확인할 수 있다.

5.2 더블 데크 시스템(Double Deck System)

일반적으로 엘리베이터는 하나의 유닛으로 이동을 하지만 이 '더블데크 시스템(Double Deck System)'의 경우 두 개의 유닛이 함께 이동함으로써 승객의 탑승 수를 2배로 늘리는 시스템이다. 홀수층과 짝수층을 동시에 탑승시키고 도착할 수 있다. 또한 필요에 따라 2개의 엘리베이터 유닛이 결합 또는 분리가 되어 움직일 수 있어 효율적이다. 단점으로는 2개의 유닛을 함께 운행하기 때문에 2개의 다른 층 수의 로비 입구와 출구를 필요로 한다(다이어그램 3.6~3.7 참고). 일반적인 경우(Single Deck System)처럼 1층 로비에서 모든 사람이 도착 · 승차하지 않고, 중층(Mezzanine)에서 탑승을 하는 시스템이다. 더블 데크 시스템을 이용하면 필요한 엘리베이터의 수가 상대적으로 줄어들 수 있어 대부분의 메가 톨(Mega Tall) 빌딩들에서는 적극 이용한다. 하지만 아시아의 건축주들은 접근방법이 생소하기 때문에 공간적 효율성을 알면서도 꺼려 하는 경우도 많다.[38]

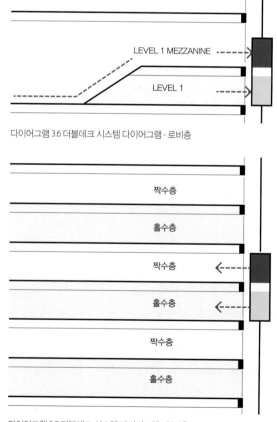

다이어그램 3.6 더블데크 시스템 다이어그램 - 로비층

다이어그램 3.7 더블데크 시스템 다이어그램 - 일반층

---

[38] Jappsen, Hans M. 2003. "Elevator Installations". *High-Rise Manual*. Germany: Birkhäuser Architecture: 211.

3.4 파사드 디자인
FAÇADE DESIGN

'파사드 디자인은 건물의 성격을 나타낸다(Façade represents personality of building).'

우리가 일반적으로 가장 먼저 고층 건물을 보며 느끼는 첫인상은 건물의 외형으로부터 올 것이다. 건물에서의 첫인상이 되는 요소들은 건물의 매싱(Massing) 형태도 있지만, 많은 부분 파사드(Façade) 디자인에 영향을 받기 때문에 초기 디자인 프로세스 중 중요한 요소이다. 단지 미적인 요소뿐만이 아니라 건물의 효율성과도 직접적인 영향이 있기 때문에 기능적인 면에서도 아주 중요시 고려된다. 또한 경우에 따라 파사드는 그 자체로 로드 베어링 구조(Load-Bearing Structure)의 역할도 함[39]으로써 구조적으로도 도움이 되는 건축적 요소이기도 하다.

　　건축물에서 외부와 가장 먼저, 그리고 가장 많은 면적을 차지하는 유리의 선택과 디자인 방법에 따라서 빌딩의 효율성과 내부에서의 쾌적성이 결정된다. 또한 파사드에 쓰이는 유리는 여러 가지 타입과 색상이 있기 때문에 건축가의 선택에 따라 자유롭게 표현이 가능하다. 초고층 빌딩에서의 파사드 디자인은 다른 일반 건물의 그것보다 효율성이 높고, 주변 환경과 기후, 태양과의 관계를 고려한 친환경적인 파사드 디자인에 대한 고려가 요구된다. 또한 외부와 직접적으로 면해 있는 건축적 요소이기 때문에 시간의 흐름에 따른 대처와 유지·관리 방법과 기간 소요 등에 대한 고려도 절실하다.

　　이 장에서는 초고층 빌딩의 파사드, 즉 빌딩의 외관(Exterior Wall)에 대한 고찰을 해본다. 파사드의 역사, 종류와 구분법, 그리고 파사드를 이루는 요소들과 파사드와 빌딩 샌드위치 패널과의 관계를 살펴본다.

사진 3.24 353 North Clark 빌딩, 시카고

사진 3.25 IBM Building, 시카고

---

[39] Gunnarsson, Sigurdur. 2003. "Façade Structures". *High-Rise Manual*. Germany: Birkhäuser Architecture: 126-130.

사진 3.26 KFW Tower, Sauerbruch Hutton 설계, 프랑크푸르트, 독일

사진 3.27 KFW Tower, Sauerbruch Hutton 설계, 프랑크푸르트, 독일

사진 3.28 Roche Diagnostics Tower, Burckhardt + Partener AG 설계, 스위스

1. 초고층 빌딩의 파사드 타입과 시스템(Types and System of Façade at Tall Buildings)

초고층 파사드의 종류는 구체적으로 파사드의 시공 방법에 따라서 구분하기도 하고, 파사드의 형태나 시스템에 따라 구분하기도 한다. 일반적인 파사드 형태는 다음과 같이 분류할 수 있다.[40]

1.1 천공 외관(Perforated Façade)
전통적인 건축 구조에서 찾아 볼 수 있는 창의 형태이다. 기후 조건에 따라 온후한 기후에서는 큰 창을 두고, 추운 지역에서는 작은 면적의 창을 뚫는다. 창이 뚫리지 않은 벽체는 단열이 되어 있어 건물의 효율성에 도움을 준다.

1.2 스트립-윈도 파사드(Strip-window Façade)
건축 원리적 측면에서 천공 외관과 비슷하다. 천공 외관이 파사드에 구멍을 뚫은 개념이라면, 이 스트립-윈도 파사드는 수평 방향으로 계속적인 오프닝을 뚫는다. 그래서 외관에서 볼 때에는 바닥 슬라브 부분과 벽체가 띠를 두르고서 건물을 싸고 있는 모습처럼 보인다 하여 스트립-윈도 파사드라고 부른다. 벽체에 가해졌던 수직 하중은 파사드 안에 있는 기둥으로 전환된다. 현대의 고층 건축물에 스트립-윈도 시스템을 사용하기도 하는데, 건물의 위치나 유형에 따라 싱글 파사드나 더블 파사드로 사용된다.

1.3 커튼월 파사드(Curtain Wall Façade)
커튼월 파사드는 슬라브와 외벽을 분리한 시스템으로 전체 층의 높이(Floor-high)만큼의 창을 낼 수 있는 시스템이다. 천공 외관 시스템이나 스트립-윈도 시스템처럼 파사드 자체에 오프닝을 내고 접합을 시키는 과정이 필요 없는 시스템으로, 파사드가 바닥 슬라브의 가장자리에 부착되는 시스템이다. 대신 파사드 패널들을 연결하는 접합에 대한 세심한 고려가 필요하다. 대부분 커튼월 파사드는 공장에서 생산이 되어 시공 현장에서 장착되기 때문에 커튼월 시스템 전문가들의 매우 정밀한 조립과 케어가 필요하다. 시공 후에 외관 확장도 용이하며, 파사드 접합 부분의 변형을 통해 다양한 디자인의 가능성이 있고, 효율성과 경제적 차원에서 최근 초고층 빌딩에서 가장 많이 사용되는 시스템이다. 커튼월 시스템의 특징상 많은 부분이 창으로 이루어져 있기 때문에 차양과 설비 시스템에 대한 고려가 필요하다.

초고층 빌딩의 파사드는 커튼월 시스템이다라고 할 수 있을 정도로 최근에 계획·시공되는 초고층 빌딩은 거의 대부분이 커튼월 시스템을 사용하는 추세이다. 커튼월 시스템의 역사와 종류, 초고층 빌딩에서 고려시되는 사항들을 알아보자.

[40] Lutz, Martin and Eberhard Oesterle. 2003. "Façade Technologies". *High-Rise Manual*. Germany: Birkhäuser Architecture: 139-140.
[41] Gunnarsson, Sigurdur. 2003. "Façade Structures". *High-Rise Manual*. Germany: Birkhäuser Architecture: 143.
[42] Ascher, Kate. 2011. "The Skin". *The Heights: Anatomy of a Skyscraper*. Penguin Press: 62-63.
[43] Boake, Terri Meyer. 2012. *Understanding Steel Design*. Germany: Birkhäuser: 30-57.

2. 커튼월 파사드의 역사

커튼월 시스템의 역사는 1900대 중반 인터네셔널 스타일이 붐이 이루던 시절로 거슬러 올라간다. 그 이전 약 75년 동안은 모든 빌딩의 외관은 자연환기가 될 수 있도록 열고 닫힐 수 있게 디자인되었다. 하지만 1900년대 중반 이후 주거시설 건물 이외의 상업시설 빌딩에서는 유니폼된 커튼월의 사용이 증가하였다.[41] 초기의 커튼월은 스틸 프레임의 구조가 있고 그 안에 유리가 들어가는 방식이었다. 커튼월 시스템은 빌딩의 구조와 상관없이 자체의 무게만 견디면 되는 시스템으로 빌딩의 각 층 바닥에 앵커로 지지되도록 구성되어 있다.

예를 들면, 1918년 미국 샌프란시스코의 'The Seven Story Hallidie Building'은 1개층당 3개의 패널로 구성되어 있으며, 멀리언(Mullion)이 유리 패널을 잡아주는 방식이었다. 이 패널은 자연환기가 되도록 설계되었다.[42] 이후 가장 현재 모습과 비슷한 커튼월 빌딩의 시초는 1952년의 뉴욕의 'Lever House'(SOM 설계)의 빌딩으로부터 시작되었다. 스테인레스 스틸(Stainless Stell, 강철)과 내열 유리(Heat Resistant Glass)를 사용한 방식으로 내부에서 창을 열 수 없는 방식으로 설계되었다. 유리 제작의 기술이 발전되어 한 층에 쓸 수 있는 유리 패널의 크기도 자유롭게 되고, 강한 외부 열에도 버틸 수 있는 단열 성능(Thermal Performance)도 강화되었다.[43] 이러한 발전으로 인해 빌딩의 전체적인 외관 중 유리의 면적이 넓어지게 되었다. 따라서 실내에 머무는 사용자들에게는 좀 더 쾌적하고 넓은 전망을 제공할 수 있게 되는 장점이 있다.

고층 건물의 유리의 사용이 급증하게 되면서 세계적으로 유리 자재의 사용량도 급증하게 되었다. 통계를 살펴보면 전 세계적으로 4,800만 톤의 유리를 생산하게 되었는데, 이 중 70%가 건축물에 사용하기 위한 유리 생산량이었다(2008년 기준).[43] 이는 커튼월 시스템을 사용하는 건물들이 급증 하면서 건축 유리 자재의 수요가 급증했다는 것을 뜻한다.

사진 3.29 초기 커튼월 빌딩, Hallidie Building in San Francisco, W.I.Polk, 1918

사진 3.30 111 W Wacker 시카고   사진 3.31 시카고의 트럼프 타워

사진 3.32 뉴욕의 레버 하우스(Lever House)

3. 커튼월 파사드의 분류

커튼월이란 빌딩의 각 층을 모듈화하여 패널 하나의 높이가 건물의 한 층고를 나타내며, 콘크리트 또는 다른 재질의 바닥 구조체와 건물의 외피 자체가 분리되는 형태로, 유리 패널은 빌딩 구조와는 별도의 구조로 형성된다.[44] 재료의 종류에는 메탈이나 스톤 종류의 다양한 재료가 쓰일 수 있으나, 현대에는 넓은 면적의 유리 커튼월 빌딩이 시공 시 높은 용이성과 효율성, 현대적인 이미지를 강조하기에 대표적으로 사용된다.

3.1 싱글 스킨과 더블 스킨 파사드(Single Skin Façade vs Double Skin Façade)

초고층 파사드의 종류는 구체적으로 파사드의 시공 방법에 따라서 구분한다. 일반적으로 초고층 파사드는 싱글 스킨과 더블 스킨 파사드로 나누어진다.[45] 우리가 흔히 볼 수 있는 빌딩은 싱글 스킨 파사드로 이루어져 있을 것이다. 하지만 많은 부분이 유리로 구성되어 있는 싱글 스킨 파사드의 경우 냉난방에 불리하며, 차양과 프라이버시의 시점에도 불리한 면이 있다. 파사드의 기본 목적인 외부로부터의 소음, 바람, 추위, 더위를 피하고 쾌적한 내부공간을 위함이다. 이를 극대화시키기 위한 시스템 중 하나가 더블 스킨 파사드이다. 한 면인 싱글 스킨과 달리 두면의 파사드를 이용함으로써 그 공간 사이(Cavity)에 형성되는 공기층이 냉난방의 효율성을 극대화시킨다(다이어그램 3.8). 특히 겨울이 길고 추운 곳에서는 내부의 실내온도의 손실을 공기층을 통해 차단시킬 수 있는 장점이 있다. 이로 인해 내부에서의 에너지 절약이라는 이점을 가지고 있다. 하지만 싱글 스킨에 비해 비싼 공사 비용, 화재 안전성, 빌딩 사용 면적 감소, 과열 문제, 공기 유동 속도 증가 등의 단점 또한 있기에 찬반의 의견이 분분하다.

더블 스킨 사용의 대표적인 예로, 건축가 헬무트 얀(Helmut Jahn)이 설계한 Post Tower, Bonn, Germany가 있다. 2002년에 완공된 높이 162m, 41층의 타워로서 빌딩 안으로 들어오는 공기 흐름의 수월성을 위해 북향에는 수직 형태의, 남향에는 기울기가 있는 더블 스킨을 사용하였다. 안쪽 스킨과 외부의 스킨 사이에는 1.5m의 공간(Cavity)이 생김으로써, 겨울에는 에어 쿠션 역할을 하여 내부에서 열이 밖으로 빠져나감을 감소시킨다. 이는 20 % 적은 난방 사용의 가능성을 예상할 수 있다. 여름에는 밤의 낮은 온도의 공기가 빌딩 안으로 들어오는 역할을 해준다. 외부 환경의 조건을 적절히 더블 스킨 파사드를 이용하여 에너지 효율성을 높이는 콘셉트이다(다이어그램 3.8).[46]

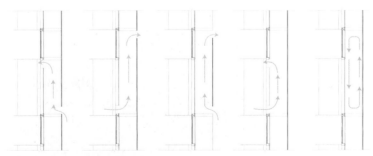

다이어그램 3.8 더블 스킨 시스템의 콘셉트   사진 3.33 더블 스킨 파사드

[44] Lutz, Martin and Eberhard Oesterle. 2003. "Façade Technologies". *High-Rise Manual.* Germany: Birkhäuser Architecture: 138-144.
[45] Ascher, Kate. 2011. "The Skin". *The Heights: Anatomy of a Skyscraper.* Penguin Press: 62-63.
[46] Aksamija, Ajla. 2013. *Sustainable Façades-Design Methods for High-performance Building Envelopes.* Perkins and Wills: 135-144.

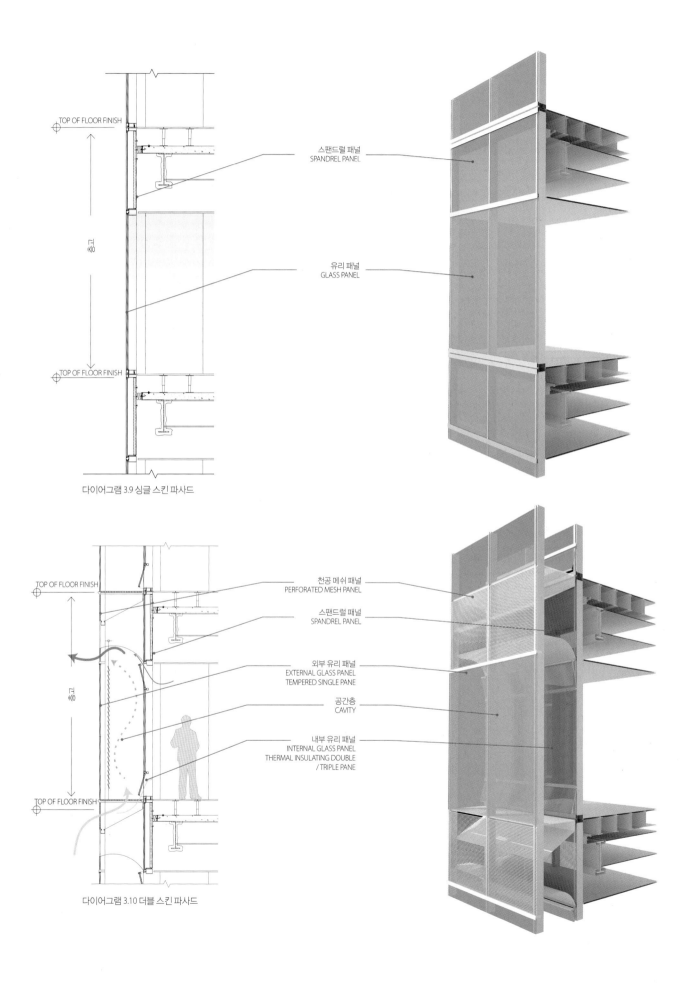

TOP OF FLOOR FINISH

TOP OF FLOOR FINISH

스팬드럴 패널
SPANDREL PANEL

유리 패널
GLASS PANEL

다이어그램 3.9 싱글 스킨 파사드

TOP OF FLOOR FINISH

TOP OF FLOOR FINISH

천공 메쉬 패널
PERFORATED MESH PANEL

스팬드럴 패널
SPANDREL PANEL

외부 유리 패널
EXTERNAL GLASS PANEL
TEMPERED SINGLE PANE

공간층
CAVITY

내부 유리 패널
INTERNAL GLASS PANEL
THERMAL INSULATING DOUBLE
/ TRIPLE PANE

다이어그램 3.10 더블 스킨 파사드

4. 초고층의 커튼월 시스템의 종류(Types of Curtain Wall System)

커튼월 시스템은 시공 과정의 방법에 따라 나누어진다. 여기에는 3가지 다른 방식의 시공 과정에 따른 분류를 제시한다. [47, 48]

4.1 스틱 시스템(Stick System)

스틱 시스템은 멀리언(mullion) 또는 커튼월 프레임을 공장에서 각 부분을 미리 제조한 후에 빌딩에 유리와 프레임의 모든 조립을 공사 현장에서 하는 형식이다. 현장에서 직접 사람이 설치해야 하므로 이는 곧 인건비와도 연관이 있으며, 현장의 노하우, 견고함과 세심함이 필요하다(사진 3.35).

4.2 유니타이즈 시스템(Unitized System)

유니타이즈 시스템은 모든 조립을 공장에서 이미 마친 상태에서 현장에서는 설치만 한다. 일반적으로 한 층의 높이를 하나의 유닛으로 조립한다. 커튼월 자체의 모든 부분은 이미 공장에서 조립되어 건설 현장으로 오기 때문에 현장에서의 시간과 인건비 절약, 그리고 공정의 오차 가능성도 스틱 시스템보다 적다(사진 3.36).

4.3 포인트 서포트 시스템(Point Supported System)

포인트 서포티드 시스템은 수직 스틱 프레임의 사용과 케이블 구조가 함께 결합되어 유리를 잡아주는 방식으로, 스틱 시스템에 가까운 방식이다. 하지만 케이블이라는 구조가 유리를 수직 프레임으로만 잡아준다는 차이점이 있다. 유리의 투명한 부분을 극대화시킬 수 있고, 케이블시스템이 가져오는 견고한 완성도 때문에 보통 건물의 로비나 상가 등에 많이 사용된다. 일반적으로 시스템은 케이블 넷 월 시스템(Cable Net Wall System), 핀 월(Fin Wall) 시스템 등 많은 진화된 디자인 분류가 가능하다(사진 3.34).

사진 3.34 포인트 서포트 시스템

---

[47] Ascher, Kate. 2011. "The Skin". *The Heights: Anatomy of a Skyscraper*. Penguin Press: 66-67.
[48] Boake, Terri Meyer. 2012. *Understanding Steel Design*. Germany: Birkhäuser: 66-67.

사진 3.35 스틱 시스템

사진 3.36 유니타이즈 시스템

5. 커튼월 파사드의 구성(Façade Configuration)

커튼월 파사드는 여러 요소들의 결합체이다. 멀리언(Mullion, 또는 창틀), 유리(Glass), 스팬드럴(Spandrel Unit), 백 패널(Back Panel), 해드(Head), 씰(Seal), 앵커(Anchor), 알루미늄 캡(Alumnium Cap) 등으로 구성된다. 이러한 각각 요소들의 퍼포먼스는 빌딩 전체에 영향을 미치는 아주 중요한 역할을 한다. 커튼월은 일반적으로 각 층의 구조 슬라브 또는 마감 층고부터 그 다음 층의 마감 층고까지가 하나의 단위라고 생각하면 쉽다. 입면과 단면상으로 봤을 때 커튼월은 크게 다음과 같이 나누어 생각해볼 수 있다(다이어그램 3.11).

> 1. 스팬드럴 패널(Spandrel Panel)
> 2. 비전 패널(Vision Panel)

스팬드럴 패널(Spandrel Panel)은 슬라브에 직접 연결되어 마치 패널이 구조 슬라브에 걸려 있는 것 같은 형태의 패널이며, 입면상 외부로 보일 수 있는 내부 건축, 설비와 같은 요소들을 시각적으로 가리는 역할도 동시에 한다.

여기서 말하는 건축 요소란 구조 슬라브, 최종 바닥 마감 시스템, 그 슬라브를 지지하는 보(Beam)와 기둥(Column)이 만나는 공간 등을 말한다. 하부에는 비전 패널(Vision Panel)이라고 하여 실제로 빌딩의 사용자나 거주자들이 머무는 공간과 면하는 파사드 부분을 일컫는다. 커튼월 시스템의 비전 패널 부분은 대부분이 유리 패널로 구성되어 있다. 멀리언의 디자인과 유리의 성능에 따라 비전 패널은 여러 개의 유리로 나눌 수도 있다. 열 수 있는 창문이 있는 경우, 유리가 바깥쪽으로 열리는지, 안쪽으로 열리는지에 따라 다양한 유리의 분할과 디자인적 요소가 빌딩 외관에 많이 변화를 줄 수 있다.

커튼월 시스템의 역할 중 가장 중요한 역할은 외부로부터 내부로 물이 스며들 수 있는 가능성을 방지하는 것이다. 물이 유입되었을 경우 건물의 부식이 시작되며, 곰팡이가 생기는 결로 현상이 창문 근처 생기게 된다. 그렇기 때문에 윕 홀(Weep Holes), 응축 거터(Condensation Gutters) 등을 이용하여 커튼월에서 생긴 물을 빌딩 바깥 쪽으로 빼어낸다. 프레셔 이퀄라이즈 챔버(Pressure Equalized Chamber) 또한 커튼월 밖과 안쪽의 기압 차를 줄여 외부에서 물이 안쪽으로 들어오는 현상을 챔버(Chamber)가 공기층을 형성하여 방어막 역할을 하는 것이다.[49]

---

[49] Aksamija, Ajla. 2013. "Characteristics of sustainable Facades". *Sustainable Façades-Design Methods for High-performance Building Envelopes*. Perkins and Wills: 48-51.

사진 3.37 대표적인 커튼월 시스템을 보여주고 있는 시카고의 빌딩들 ; 111 WEST WACKER 빌딩과 시카고 트럼프 타워의 외벽 디자인

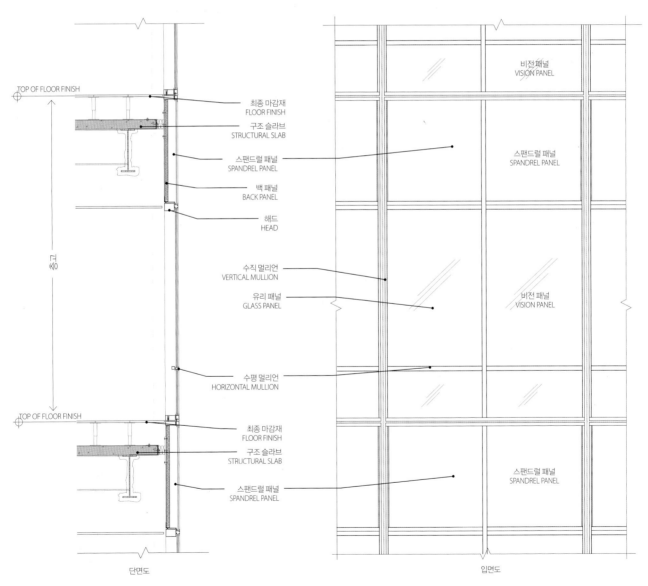

다이어그램 3.11 커튼월 구성 요소 다이어그램(빌딩의 단면과 입면)

5.1 멀리언

멀리언(Mullion)은 일반적으로 생각하는 커튼월의 프레임을 말한다. 또는 창틀이라고 표현하면 더 쉽게 이해할 수 있을 것이다. 유리를 감싸고 있는 멀리언은 유리 패널을 고정시켜주는 역할을 한다. 수직 멀리언과 수평 멀리언으로 유리가 들어갈 프레임을, 즉 틀을 만들고 그 안에 유리를 어떻게 위치시킬지를 멀리언 디테일로 발전시킨다.

보통 멀리언은 다양한 자재를 쓸 수 있는데, 견고하고 오랜 시간을 버티게 하기 위하여 강철(Stainless Steel)을 쓰기도 하였으나, 그 강도는 최고이지만 높은 비용과 무게의 단점이 있다. 최근에 지어지는 대부분의 초고층 빌딩의 커튼월 멀리언은 알루미늄으로 만들어진 것들이 많다. 기술의 발달로 알루미늄의 강도와 성능이 매우 높아졌으며, 시공의 용의성과 경제성을 고려했을 때 가장 적절한 재료이다.

멀리언은 외부 환경의 극한 컨디션에 바로 노출이 되는 건축 요소이다. 비가 오거나 더운 여름철과 추운 겨울철에도 외기에 바로 면해 있기 때문에 열과 습기를 바깥으로부터 차단하는 세심한 디자인이 요구된다. 특히 알루미늄 멀리언을 디자인할 경우에 알루미늄의 특성상 열전도성이 아주 높아서 열의 전달을 중간에 끊어주는 터멀 브레이크(Thermal Break)가 필요하다.

멀리언에 들어가는 요소들은 대체적으로 낮은 전도성을 가진 재료들이 적절하다. 예를 들어 우레탄(Urethane), 합성고무(Neoprene Rubber), 강화 폴리스터(Polyster Reinforced), 패스트너(Fasteners)와 같은 재료를 사용하여 외부에서의 열전도를 내부 쪽으로 전도되는 것을 막아주는 역할을 하는 것이다.[50, 51]

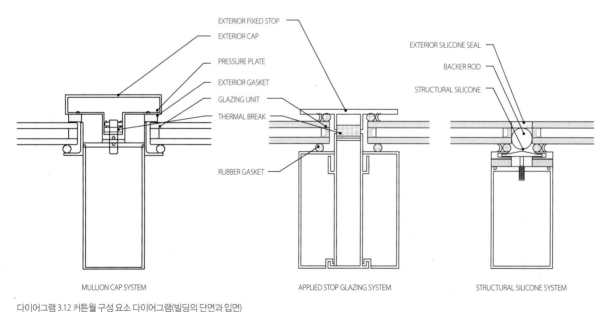

다이어그램 3.12 커튼월 구성 요소 다이어그램(빌딩의 단면과 입면)

---

[50] Aksamija, Ajla. 2013. "Characteristics of sustainable Facades". *Sustainable Façades-Design Methods for High-performance Building Envelopes.* Perkins and Wills: 52-54.
[51] Lutz, Martin and Eberhard Oesterle. 2003. "Façade Technologies". *High-Rise Manual.* Germany: Birkhäuser Architecture: 144-145.

사진 3.38 스트럭처 실런트 시스템 사진

사진 3.39 멀리언 캡 시스템 사진

5.2 유리

커튼월에서 가장 넓은 면적을 차지하는 유리의 경우 빌딩의 성능과 가장 많은 관계를 가지고 있다고 해도 과언이
아니다. 유리 커튼월 시스템은 유리의 면적이 넓어져서 내부의 사용자에게는 넓은 시야를 확보해주는 장점이 있
는 반면에 외부의 온도와 태양의 직사광선에 노출되어 있는 면이 넓어 보온과 냉방에서 취약점을 가지고 있다. 여
름에는 태양으로부터 직접적인 뜨거운 열을 받고 겨울에는 외기의 차가운 공기가 유리와 많은 면적을 면하고 있
어 실내의 따뜻한 온도를 쉽게 잃게 된다. 이러한 유리 커튼월 사용의 단점을 보완하고, 유리를 사용함으로써 외
관의 현대적이고 정교한 이미지를 위한 여러 방안들이 있다.

　　　근래에는 여러 종류의 고성능 유리(High-Performance Glass)들이 시판되고 있고, 유리의 성능은 계속 발
전 중이다. 다음으로는 대표적인 고성능 유리들에 대해 살펴보자.

1) 색유리(Integrating Tinted Glass)

직사광선을 차단시키기 위해 유리에 색을 입힌 색유리(Tinted Glass)
를 살펴보자(사진 3.40). 색을 포함한 유리는 햇빛을 차단시키지만
유리 안의 색상의 수치가 높을수록 받는 열의 에너지 전도성은 올
라가고, 내부에서 외부를 바라볼 때 유리색이 어둡기 때문에 전망
에 방해를 받게 된다. 유리 자체만으로는 경제성이 높아 저비용 효
과를 낼 수 있지만 보온의 효과가 없어 다른 유리들에 비해 효과가
높지는 않다.

사진 3.40 색유리-시카고의 루즈벨트 대학교 건물 파사드

2) 복층 유리(Insulating Glass)

두 개의 유리를 겹쳐서 유리 안에 공기층을 만들어주는 방법이다.
공기는 열전도성이 적은 매질이다. 유리 패널 하나에 유리를 하나더
넣어 겹겹의 유리를 사용함으로써 효과적인 단열 효과를 얻게 된다.
유리 사이의 공기층이 형성되어 외부로부터의 차가운 공기의 흐름
을 막아주고 내부로부터의 따뜻한 공기의 유출을 막아주는 역할을
한다. 두 장 또는 세장의 유리를 같은 방법으로 겹겹이 만드는 방법
도 있다. 총 세 장이 겹쳐져 있는 유리 패널(Triple Insulating Glass)은
두 장의 유리를 겹칠 때보다 좋은 효과를 기대할 수 있지만, 효율적
인 면에서 큰 차이를 보이지 않고, 비용이 비싸지기 때문에 여러 가
지 면으로 고려해야 할 부분이 있다. 단열 효과를 높이기 위해 세 장
의 유리를 겹치는 대신 아르곤 가스(Argon Gas), 투명 실리카 에어
로젤(Transparent Silica Aerogel)과 같은 단열재들을 유리 사이에 주
입하는 방법도 있다.[52]

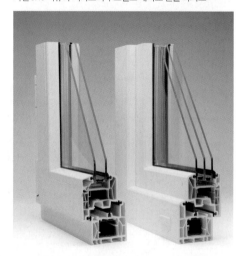

사진 3.41 복층 유리 VS 삼중 유리
© INNOTECH WINDOWS + DOORS

---

[52] Ascher, Kate. 2011. "The Skin". *The Heights: Anatomy of a Skyscraper*. Penguin Press: 70-71.

3) 로이 유리(Low-Emissivity Coating Glass)

유리에 코팅을 입혀서 들어오는 빛을 반사시킴으로써 보온과 빛을 차단 두 가지 효과를 낼 수 있는 방법이다. 하지만 유리의 반사율이 높아지고 유리 자체가 어두워지는 단점이 있다. 로이 유리의 코팅되는 면은 외부의 영향으로 인해 손상되기 때문에 유리의 안쪽 면에 위치한다. 유리의 가장 외부의 면을 1번, 순서대로 안쪽으로 들어갈 수록 2, 3, 4번으로 명한다. 일반적으로 2번과 3번 표면에 코팅을 입혀 효율성을 높인다(다이어그램 참고).

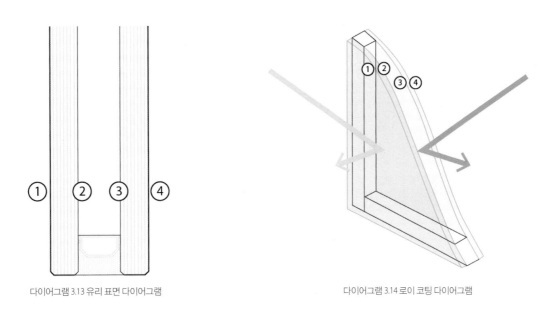

다이어그램 3.13 유리 표면 다이어그램　　　　　　　　　다이어그램 3.14 로이 코팅 다이어그램

4) 프릿 유리(Fritted Glass)

세라믹 프릿 유리의 장점은 다양한 패턴의 밀집 정도를 직접 컨트롤할 수 있다는 점이다. 이를테면 50%의 프릿 패턴이 유리 표면에 있을 때 2배의 태양광 차단 효과를 얻을 수 있다. 또한 다양한 프릿 패턴과 밀도를 이용하여 디자인적 요소로 적용할 수 있는 것이 프릿 유리이다. 프릿 유리는 다른 말로 실크스크린이라고 한다. 보통 이 세라믹 실크스크린 또는 프릿 패턴은 2번이나 3번 표면에 코팅을 입힌다. 100%에 가까울수록 밀도가 높으며, 숫자가 작아질수록 유리의 투명도는 높아진다.

사진 3.42 Salvation Army Headquarters, London, UK

사진 3.43 RYERSON 대학_ 프릿 패턴 유리 Ryerson University - School of Image Arts

6. 차양 시스템(Shade System of Facade)

앞서 서술한 유리의 재료 선택을 통해 유리가 가진 단점인 열손실을 어느 정도 완화할 수 있다. 하지만 유리의 재료 선택 이외에 차양 시스템을 설치를 하면 더 효과적인 결과를 얻을 수 있다. 차양 시스템의 종류에는 블라인드, 커튼, 메쉬 스크린(Mesh Screen), 루버(Louver), 오버행(Overhangs), 스톰 페널(Stom Panel) 등이 있다.

　　　U.S. Department of Energy에 따르면, 실내 블라인드 사용만으로 여름철 45%의 직사광선의 열전도를 막아준다. 블라인드의 사용은 태양 직사광선의 실내 차단으로 여름철 에너지 효율성을 높이고 겨울철 열 방출을 막아주는 방법이다. 뿐만 아니라, 실내가 아닌 외부 차양 시스템을 사용을 하면 직사광선이 빌딩 유리에 열전도가 되기 전에 차단시켜주므로 가장 효과적이며, 블라인드와 같이 전망을 가리지 않아 실내에서 필요로 하는 간접ㆍ직접 빛이 실내로 들어오는 것을 도와준다.[53]

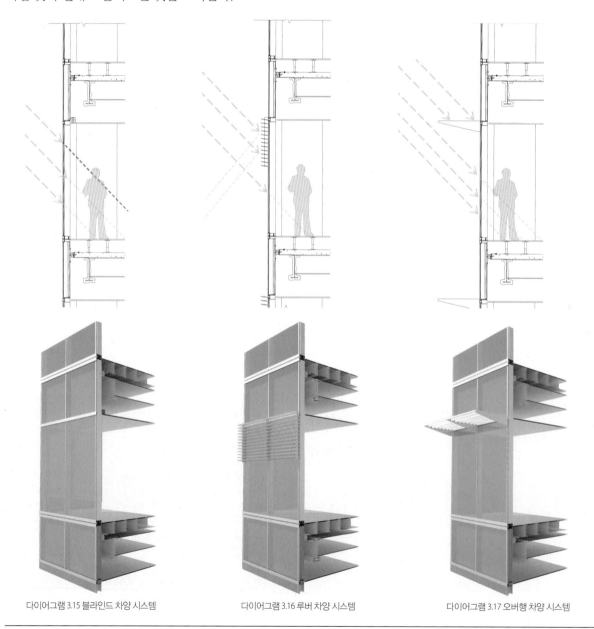

다이어그램 3.15 블라인드 차양 시스템　　　다이어그램 3.16 루버 차양 시스템　　　다이어그램 3.17 오버행 차양 시스템

[53] Schittich, Christian. 2007. *Glass Construction Manual. Germany.* Birkhäuser Architecture: 78-80.

사진 3.44 부르즈 할리파의 오버행 차양 시스템

사진 3.45 동북아무역타워의 오버행 차양 시스템, 인천

제4장

초고층 빌딩의 구조
STRUCTURAL DESIGN OF TALL BUILDINGS

4.1 구조 시스템과 그 분류
STRUCTURAL SYSTEM CONFIGURATION

초고층 빌딩에서 구조 디자인은 다른 구성 요소들 중에서도 가장 중요한 건축적 지지 요소(Support Elements)일 것이다. 초고층 빌딩의 구조 시스템은 그 건축물의 시공성, 경제성과 깊은 연관이 있다. 시간이 지날수록 건축 시공의 재료와 시공 방법에 대한 접근은 매우 급변하고 있다. 건축물 시공에서 주재료로 쓰이는 콘크리트와 스틸의 성능과 가격만을 비교해보더라도 시간이 흐를수록 그 효율성과 기능은 점차 증진되고 있으며, 가격의 경제성도 좋아지고 있다는 것을 알 수 있다. 각 시대별로 변화되는 초고층 빌딩의 구조 시스템의 변화는 재료와 공법의 효율성과 경제적인 면의 변화, 발전과 매우 깊은 관계가 있다.

다음으로는 시대별로 대표적으로 쓰인 구조 시스템과 그 접근방법에 대해 고찰해보자. 초고층 빌딩의 구조 시스템을 구분하는 방법은 기준에 따라 다양하다. 이 책에서는 크게 4가지로 구분하였다. 그 분류는 다음과 같다.

1. 로드 베어링 시스템(Load-Bearing System)
2. 스틸 프레임 시스템(Steel Frame System)
3. 통합 시스템(Composite System)
4. 초고강도 콘크리트 시스템(Fully Reinforced Concrete System)

위의 분류는 시대별로 구분된 분류이다. 1871년 미국 시카고 화재 이후, 도시 개발이 본격적으로 이루어진 시카고에서는 경제 개발의 상징으로 보다 기술 집약적인 발전이 시작되었다. 건물의 서비스와 엘리베이터 등에 많은 투자를 한 건물들이 나오기 시작한 것이다. 이 시대에 유행한 구조 시스템으로는 로드-베어링 시스템(Load-Bearing System)이 대표적이다. 19세기 이전까지 로드 베어링 구조는 초고층 빌딩에서 인기리에 사용되던 구조 시스템이었다. 저층부의 벽체는 두꺼우며 위로 올라갈수록 얇은 벽이 되는 구조 시스템으로, 벽체가 구조체로 쓰이기 때문에 상대적으로 창의 크기가 작다(다이어그램 4.1).

1885년 윌리엄 르 배런 제니(Willam Le Baron Jenney)가 설계한 세계 최초의 초고층 빌딩인 '홈 인슈어런스 빌딩(The Home Insurance Building)'은 대표적인 철골 골조 시스템(Steel Skeleton System)으로 건축되었다.[54] 철골 골조 시스템은 스틸로 구성된 기둥(Columns)과 보(Beams), 거더(Girders)가 주축이 되고 빌딩의 가장자리에는 대들보(Edge Beams)들이 지지하고 있어 바닥의 틀을 잡는다. 파사드(Façade)가 구조적인 역할을 하지 않으므로 상대적으로 얇은 외벽을 가질 수 있는 구조이다.[55] 전체적으로 볼 때 철골이 뼈대를 이루는 구조처럼 보이기에 철골 골조 시스템(Steel Skeleton System)이라고 부른다(다이어그램 4.2).

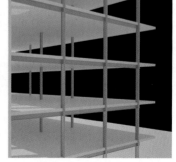

다이어그램 4.1 로드-베어링 시스템
저층부일수록 벽체가 두꺼우며, 상대적으로 작은 창문이 있다.

다이어그램 4.2 철골 골조 시스템
철골로 기둥, 보, 엣지 빔이 프레임을 만들고, 상대적으로 큰 창문을 가질 수 있다.

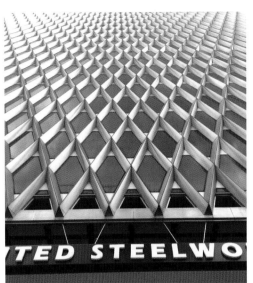

사진 4.1 존 행콕 타워, 시카고, 1969　　　　사진 4.2 UNITED STEELWORKERS BUILDING, 피츠버그, 1963　　　　사진 4.3 윌리스 타워, 시카고, 1972-74

1891년 'Burham & Root'가 설계한 시카고의 모나드녹 빌딩(Monadnock Building)은 로드 베어링 구조를 가지고 있는 대표적인 초고층 건축물이다. 로드-베어링 시스템은 스틸의 발전과 함께 꾸준히 진화한다. 1913년 건설된 뉴욕의 울워스 빌딩 (Woolworth Building)은 고딕양식의 파사드 안에 있는 철골 골조 시스템의 초고층 빌딩으로 세워졌다. 이 건축물의 높이는 약 235m(55개 층)으로 향후 16년간 세계 최고 높이 건축물로 기록을 세웠다. 제1차 세계대전 동안 침체되어 있던 건축계는 1920년대부터 다시 초고층 빌딩에 속도를 박차기 시작했다. 1930년대 미국 뉴욕에는 크라이슬러 빌딩(Chrysler Building, 높이 313m)과 엠파이어 스테이트 빌딩(the Empire State Building, 높이 383m)이 세워졌다. 엠파이어 스테이트 빌딩은 완공 후 약 40년간 세계 최고 높이의 건물로 기록되고 있다.[56]

　　　　1930년대 이후 세계 경제 대공황과 제2차 세계대전으로 다시 건축계는 침체기를 맞게 된다. 하지만 1950년대 철골 골조 시스템으로 지어진 미스 반 데 로에(Mies van der Rohe)의 시카고의 레이크 쇼어 드라이브(Lake Shore Drive)는 다시금 초고층 빌딩의 건축의 발전에 박차를 가하게 하는 시발점이 되었다. 또 한편으로는 루이스 설리번의 'Form follows function'을 따라 새로운 구조 형태를 발전시키기도 했다. 시간이 흐를수록 구조 디자인은 건물 내부의 효율성을 극대화하기 위한 목적으로 발전하기 시작하였다. 로드-베어링 시스템은 또 다른 진화의 과정을 겪는다. 바로 튜브 시스템(Tube System)이 더해진 고성능 로드-베어링 시스템(High Performanced load-bearing system)이 탄생한 것이다. 튜브 구조는 추가적인 브레이싱이 되어 하중을 분포시킨다. 이로 인해 철골의 사용을 조금 더 줄일 수 있어서 초고층의 구조체들이 전체적으로 가벼워질 수 있었다. 이러한 튜브 시스템이 결탁된 구조 시스템으로 설계된 빌딩으로는 대표적으로 유나이티드 스틸워커스 빌딩(United Steelworkers Building), 윌리스 타워(Willis Tower), 그리고 존 행콕 타워(John Hanckok Tower)가 있다(사진 4.1~4.3).

[54] Grohmann, Manfred and Harald Kloft. 2003. "Load-bearing Structures". *High-Rise Manual*. Germany: Birkhäuser Architecture: 77.
[55] Ascher, Kate. 2011. "Structure". *The Heights: Anatomy of a Skyscraper*. Penguin Press: 48-49.
[56] Grohmann, Manfred and Harald Kloft. 2003. "Load-bearing Structures". *High-Rise Manual*. Germany: Birkhäuser Architecture: 77-78.

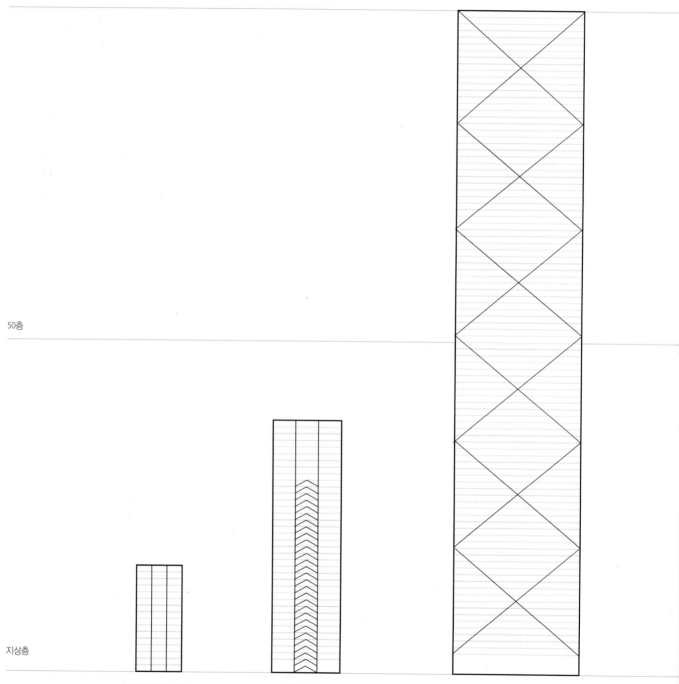

110층

100층

50층

지상층

강접 구조 시스템
RIGID FRAME SYSTEM

철골 버팀공법
SKELETON WITH FRAME STRUTS

튜브 시스템(기둥과 가새를 이용)
TUBE SYSTEM WITH COLUMNS AND DIAGONAL BRACING

다이어그램 4.3 로드-베어링 구조 시스템을 가지고 있는 타워 구조 매트릭스

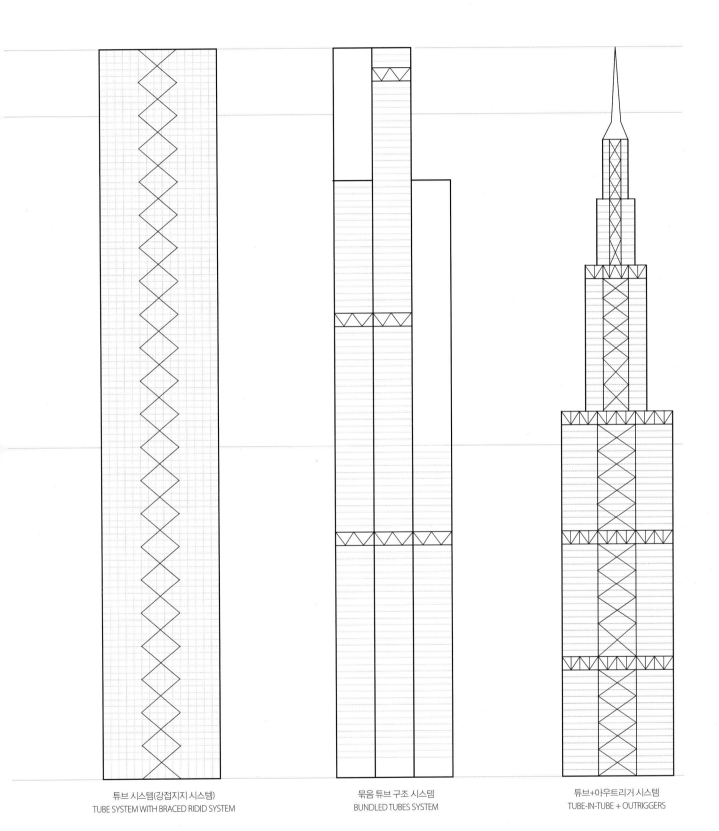

튜브 시스템(강접지지 시스템)
TUBE SYSTEM WITH BRACED RIDID SYSTEM

묶음 튜브 구조 시스템
BUNDLED TUBES SYSTEM

튜브+아우트리거 시스템
TUBE-IN-TUBE + OUTRIGGERS

4.2 로드-베어링 시스템
LOAD-BEARING SYSTEM

로드-베어링 시스템은 19세기 후반까지 많이 사용되던 구조 시스템이다. 간략하게 표현하면, 이 로드-베어링 시스템은 벽체가 함께 구조적 요소가 되는 시스템으로 벽체의 두께는 최대 2m 가량이 되며, 건물이 높으면 높을수록 저층부의 벽체의 두께는 두꺼워지고 상층부로 올라갈 수록 벽체의 두께는 줄어든다.[57]

시카고의 모나드녹 빌딩(Monadnock Building)은 이 로드-베어링 시스템의 대표적인 건물이다. 시카고에 현존하는 벽돌 구조 건축물 중 가장 오래된 모나드녹 빌딩은 1891년에 완공된 것으로 알려져 있다. 이 건물은 저층부의 벽체가 마치 기둥처럼 두꺼운 벽돌 구조체로 이루어져 있다. 로드-베어링 시스템의 특징상 벽체가 두꺼운 기둥과 같은 역할을 하기 때문에, 로드-베어링 시스템의 건축물은 상대적으로 작은 창문을 가질 수밖에 없다(사진 2.1- 빌딩의 저층부 사진. 두꺼운 벽체와 작은 창문을 확인할 수 있다). 이 벽체는 상부로 갈수록 두께가 얇아진다(사진 4.5~4.6).

로드-베어링 시스템은 매우 견고하고 성능이 좋아 19세기 초에 인기가 많았던 공법이었다. 두꺼운 외벽의 특징상 창문의 크기가 작고, 외부 공기의 침투가 적어 건물 자체의 효율성은 높지만, 두꺼운 벽체와 기둥 등 구조적 요소가 내부공간을 많이 차지하기 때문에 공간의 효율성이 크게 떨어진다는 단점을 가지고 있다(사진 4.4).

벽돌과 콘크리트가 건축 구조의 주재료였던 시기를 지나 철과 강철(Steel and Stainless Steel)이 건축 재료로 적극 쓰이기 시작하면서, 로드-베어링 시스템은 변화를 가지기 시작하였다. 이 시스템 자체가 가지고 있는 내구성과 간단한 구성을 바탕으로 로드-베어링 시스템은 훗날 철골 프레임 구조와 튜브 구조 시스템으로 발전하기 시작하였다.[58]

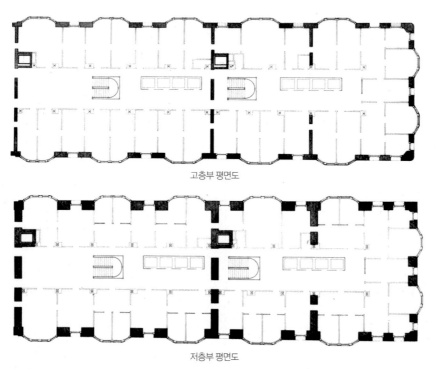

고층부 평면도

저층부 평면도

사진 4.4 Monadnock Building, Chicago IL 평면도
저층부의 기둥과 벽체의 두께가 상층부에 비하여 절대적으로 두껍다는 것을 알 수 있다.

---

[57] Ascher, Kate. 2011. "Structure". *The Heights: Anatomy of a Skyscraper*. Penguin Press: 48-49.
[58] Grohmann, Manfred and Harald Kloft. 2003. "Load-bearing Structures". *High-Rise Manual*. Germany: Birkhäuser Architecture: 77-78.

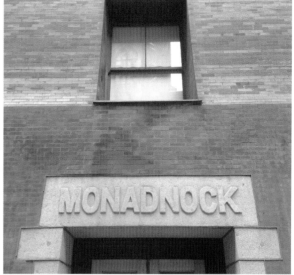

사진 4.5 Monadnock Building, 시카고

사진 4.6 Monadnock Building, 시카고

사진 4.7 Monadnock Building, 시카고

4.3 스틸 프레임 시스템
STEEL FRAME SYSTEM

1884년 윌리엄 르 베런 제니(William Le Baron Jenney)에 의해서 로드-베어링 시스템의 효율성과 재료의 한계를 벗어난 새로운 시스템이 제시되었다. 바로 골조 프레임 시스템(Skeletal Frame System)이다. 이는 스틸을 이용하여 건축물의 구조를 사람의 뼈의 구조처럼 프레임을 만들고, 그 위에 파사드 등의 얇을 벽체를 씌우거나 끼는 형태의 시스템이다. 수직적 구조인 기둥(Column)과 수평적 요소인 보(I-Beams)는 직사각형의 그리드 안에서 각 바닥층과 벽체, 지붕 등을 떠받들고 있다. 이러한 구조 시스템으로 인해 조금 더 큰 창이 들어서기 시작하고 전체적으로 벽체의 두께가 얇아져서 저층부의 실내공간의 효율성을 높이게 되었다. 기존의 건축물의 시공에서 벽돌과 돌을 주재료로 시공하던 시대에 윌리엄 르 베런 제니는 1884~1885년에 홈 인슈어런스 빌딩(Home Insurance Building)을 골조 프레임 시스템(Skeletal Frame System)을 이용하여 설계하였다. 세계 최초로 전체 구조를 금속 재료를 사용해서 건설한 홈 인슈어런스 빌딩은 초고층의 역사에서 세계 최초의 초고층 빌딩으로 기록되어 있다.

홈 인슈어런스 빌딩으로 시작한 골조 프레임 시스템은 1980년대에 이르기까지 수많은 초고층 빌딩의 주요 구조 시스템으로 자리 잡았다. 1913년 뉴욕의 울워스 빌딩(The Woolworth Building)은 이러한 골조 프레임 시스템을 이용하여 지어졌다. 울워스 빌딩은 스틸 골조 시스템으로 프레임을 만든 후에 고딕양식의 파사드를 겉표면에 부착한 형태의 건축물이다. 울워스 빌딩은 완공 후 16년간 당시 세계 최고 높이의 초고층으로 기록되고 있다.[59] 1980년대까지 이러한 골조 프레임 시스템은 꾸준히 사용되어 왔고, 또 발전해갔다. 내부공간의 효율성을 중시하고 시공의 경제성을 고려하기 시작하면서 골조 시스템은 더욱 진화하게 되었다. 대표적인 변화로는 로드-베어링 시스템을 발전시켜 골조 시스템과 튜브 구조의 결합한 새로운 스틸 프레임 시스템(Steel Frame System)이 있다. 이는 기본적인 골조에 튜브와 같은 개념의 구조체가 건물을 둘러싸는 구조적 요소로 더해진 시스템으로서 뉴욕의 월드 트레이드 센터, 시카고의 존 행콕 타워(the John Hancock Tower), 그리고 시카고의 윌리스 타워(Willis Tower)가 그 대표적인 건물들이다.[60]

존 행콕 타워는 대표적인 스틸 프레임 빌딩으로 내부공간이 완벽한 직사각형의 그리드 시스템으로 계획되었다. 존 행콕 타워의 평면을 보면 코어와 기둥의 위치, 창틀의 모듈까지 모두 맞아 떨어지면서 상부로 올라갈수록 작아지는 평면 구조를 하고 있다. 존 행콕의 표면은 구조 트러스가 바깥으로 돌출되어 외관적 미를 형성함과 동시에 구조적 요소로서 역할을 한다. 구조의 발전이 내부공간의 효율성을 극대화하는 데 큰 역할을 하기 시작한 빌딩으로 간주된다.

---

[59] Grohmann, Manfred and Harald Kloft. 2003. "Load-bearing Structures". *High-Rise Manual*. Germany: Birkhäuser Architecture: 77-78.
[60] Eisele, Johann. 2003. "Construction and Design". *High-Rise Manual*. Germany: Birkhäuser Architecture: 99-102.

사진 4.8 울워스 빌딩의 시공 사진(1910~1913년 촬영 추정)
George Grantham Bain Collection(Library of Congress)
"Woolworth Bldg" An undated image, from the Bain News Service, of the Woolworth Building.

사진 4.9 울워스 빌딩 현재 사진

사진 4.10 존 행콕 타워 시공 사진

사진 4.11 존 행콕 타워 평면도
내력벽을 이용한 코어와 튜브 형태의 기둥과 프레임을 확인할 수 있다.

사진 4.12 존 행콕 타워 현재 사진

4.4 복합 시스템
COMPOSITE SYSTEM

1900년대부터 1980년대까지 꾸준히 이어지던 스틸 프레임 시스템은 콘크리트의 발달과 함께 복합 시스템(Composite System)을 구축하였다. 이러한 복합 시스템은 특히 동아시아 지역의 초고층 빌딩에서 두드러지게 나타난다. 중국 상하이의 진마오 빌딩(Jin Mao Building, SOM 설계)과 쿠알라 룸푸르의 페트로나스 타워(the Petronas Towers, Cesar Pelli & Associateds 설계)가 그 예이다.

복합 시스템은 일반적으로 철골과 콘크리트 등의 재료들이 합쳐진 구조 시스템을 일컫는다. 순수 철근과 강철만 사용하는 경우 소요되는 비용에 비하여, 이 복합 시스템은 경제적인 효과를 누릴 수 있게 하는 시스템이다. 바닥 구조물은 대체로 통합된 구조(메탈 데크 위에 콘트리트가 합쳐진 바닥 구조 또는 철근이 들어가 있는 강화 콘크리트를 사용한 슬라브를 이용)이거나 강화 콘크리트를 사용한 구조물로 이루어진다 .이러한 복합 시스템은 보통 강화 내력벽으로 만들어진 코어월과 연결하는 시스템으로 구성되고, 아우트리거 구조물을 이용하여 건물을 지지하는 역할을 한다(사진 4.13~4.14 참고. 공사 중인 초고층 빌딩 안의 아우트리거의 내부 모습이다).[61] 또한 복합 시스템에 사용되는 기둥의 구성도 철골 프레임과 콘크리트가 결합된 시스템이다.

쿠알라 룸푸르의 페트로나스 타워와 상하이의 진마오 빌딩을 살펴보면 이렇게 다른 재료들을 통합하여 사용하였고, 고성능(High Performacne) 재료들을 적극 사용하였다. 또한 코어월과 파사드 기둥과 연결한 아우트리거(Outriggers)를 사용한 대표적인 빌딩들이다. 이 시스템의 사용은 전반적으로 건축물에 큰 강성(Rigidity)을 가져다주었고, 로드베어링 구조와 기초에 적용되는 장력(The Tensile Forces)을 감소시켰다. 페트로나스 타워는 아우트리거를 통해 내부의 코어와 원통형의 콘크리트 기둥로 구성된 프레임 튜브를 결합하였다. 진마오 빌딩은 메가컬럼(Mega Columns)을 사용하여 거대한 기둥들이 건물을 지탱하는 형태이다. 이 메가컬럼의 옆, 빌딩의 각 코너에는 추가적은 기둥들이 설치되어 부가적인 구조적 역할을 한다.[62] 진마오 빌딩의 메가 컬럼 시스템은 당시 초고층 빌딩의 구조 설계를 한 단계 끌어올린 건물로 회자된다.

사진 4.13~4.14 시공 중인 타워 현장 - 아우트리거와 벨트 트러스

[61] Grohmann, Manfred and Harald Kloft. 2003. "Load-bearing Structures". *High-Rise Manual.* Germany: Birkhäuser Architecture: 77-78, 82.
[62] Eisele, Johann. 2003. "Construction and Design". *High-Rise Manual.* Germany: Birkhäuser Architecture: 103-104.

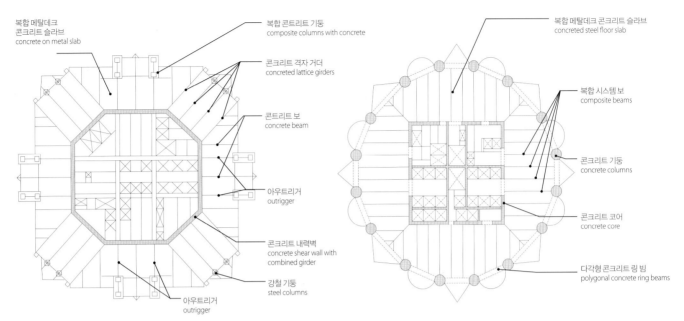

복합 메탈데크
콘크리트 슬라브
concrete on metal slab

복합 콘트리트 기둥
composite columns with concrete

콘크리트 격자 거더
concreted lattice girders

콘크리트 보
concrete beam

아우트리거
outrigger

콘크리트 내력벽
concrete shear wall with
combined girder

강철 기둥
steel columns

아우트리거
outrigger

복합 메탈데크 콘크리트 슬라브
concreted steel floor slab

복합 시스템 보
composite beams

콘크리트 기둥
concrete columns

콘크리트 코어
concrete core

다각형 콘크리트 링 빔
polygonal concrete ring beams

다이어그램 4.4 상하이의 진마오 빌딩의 구조 평면 콘셉트 다이어그램

다이어그램 4.5 쿠알라 룸푸르 페트로나스 타워의 구조 평면 콘셉트 다이어그램

사진 4.15 상하이의 진마오 빌딩 전경

사진 4.16 쿠알라 룸푸르의 페트로나스 타워 전경

4.5 초고강도 콘크리트 시스템
FULLY REINFORCED CONCRETE SYSTEM

1990년에서 2000년대에는 또 다른 재료의 혁명이 있었다. 바로 콘크리트이다. 콘크리트의 강도는 기술이 발달할수록 더욱 강해지고, 그 시공 기술 또한 끊임없이 발전해왔다. 콘크리트는 압축 강도가 크고 내구성이 높다. 또한 시공이 비교적 단순하고 유지보수가 용이하다는 장점이 있다. 하지만 인장강도가 작고, 수축에 의한 균열이 나기 쉽다는 단점을 가지고 있었다. 또한 시공 시 콘크리트를 어떻게 다루느냐에 따라 시공의 품질에 차이를 가지고 오기 때문에 세심한 시공기술이 필요한 건축 재료이다. 초고층 빌딩에서 콘크리트의 사용은 또 다른 도전을 필요로 했다. 바로 콘크리트를 상층부로 이동시켜야 하는 문제였는데, 보통의 콘크리트들은 상층부로 펌프를 이용해 이동·시공되는 과정에서 일부가 굳거나 하는 등의 문제가 있었다. 90년대 말에 들어 콘크리트의 개혁이 시작되었고, 그 결과 초고강도 콘트리트와 그것을 다루는 시공법이 발달하였다. 초고강도 콘크리트의 사용으로 긴 스팬의 공간을 콘크리트 구조물 설치가 가능해졌고, 빠른 시간 내에 상층부로 콘크리트를 이동시켜 시공을 용이하게 하는 공법도 발달되었다. 2009년 완공된 부르즈 할리파는 이러한 콘크리트의 발전을 구조적으로 적극 이용한 사례이다.

총높이 828m, 지상 162개 층과 지하 3개 층의 부르즈 할리파는 주상복합시설로, 주거, 호텔, 상업시설, 오피스, 엔터테인먼트, 쇼핑, 레저, 주차시설로 구성되어 있다. 건물의 형태는 중앙 코어에서 3개의 날개가 뻗어나가는 형태로, 그 형태 자체로서 구조적으로 안정적이여서 메가 톨(Mega Tall) 빌딩의 구조로 적합하다. 빌딩의 기초부터 156층까지는 고성능·고강도 콘크리트(High Performance Reinforced Concrete)를 사용하였고, 156층부터 타워의 꼭대기까지는 강철 보강 프레임(Steel Braced Frame)을 사용하였다.[63]

앞서 2장에서 명시한 타워의 형태 중 위로 올라갈수록 작아지는 형태(Tapered Shape)로, 높이 올라갈수록 강해지는 풍압을 완화 시키기 위한 해법으로 제시된 것이다. 풍압을 고려한 디자인은 초고층 빌딩 설계에서 특히 강조되는데, 이는 미적인 요소를 위한 것도 있겠지만 구조적 요소의 절감을 위한 이유에서 비롯되기도 한다. 현재 시공 중인 세계 최고 높이의 건축물이 될(높이 1km 이상) 사우디아라비아의 '킹덤 타워'(Adrian Smith and Gordon Gill Architecture 설계) 또한 초고강도 콘크리트 시스템을 사용한 메가 톨(Mega Tall) 빌딩으로 설계·시공 중에 있다.

이렇게 수백 년의 건축 역사 속에서 초고층 빌딩의 구조 시스템은 쉴 새 없이 발달하고 있다. 재료의 발달, 기술의 발달, 아이디어의 발달 등 구조 기술의 발달은 초고층 빌딩의 진화를 가져올 것이며, 더 높은 초고층 빌딩을 견고하고 아름답게 만드는 것에 기여할 것이다.

---

[63] Abdelrazaq, Ahmad.2012. "Validating the Structural Behavior and Response of Burj Khalifa: Synopsis of the Full Scale Structural Health Monitoring Programs". *CTBUH International Journal of High-Rise Buildings*. CTBUH: 37-51.

사진 4.17 아랍에미리트의 부르즈 할리파

5.1 초고층 빌딩의 안전성
FIRE LIFE SAFETY OF TALL BUILDINGS

일반적인 사람들이 초고층 빌딩에 가지고 있는 인식 중 하나는 화재에 약하다는 것이다. 높게 수직적으로 솟아오르는 형태의 특징상, 수직 동선으로만 피난이 가능하기 때문에 여러 가지 제약이 있는 것이 사실이다. 2001년에 미국에서 일어난 9·11 테러는 초고층 빌딩이 위험에 놓였을 때에 대한 두려움을 극명하게 하였다. 또한 빈번히 초고층 빌딩을 배경으로한 재난영화를 접할 수 있다. 하지만 초고층 빌딩의 안전성에 대한 일반인들의 인식은 약간은 추상적이고 상징적이라고 생각한다. 사실 초고층 빌딩을 설계할 때 '가장' 중요시하는 것이 방재/피난시설과 방법에 관한 디자인이다. 때로는 주요 디자인이 방재/피난 디자인 때문에 바뀌는 경우도 많이 있을 정도로 초고층 빌딩 설계에서 가장 우선시되는 사항이다. 초고층 빌딩의 방재 시스템 디자인은 일반적인 낮은 높이의 건물들보다 엄격하고 까다로운 기준 아래 디자인되기 때문에 저층 빌딩들보다 화재나 사고에 대한 대비가 더욱 철저하다고 볼 수 있다. 실제로 9·11 테러 이 후에는 모든 초고층 빌딩의 재난방지 시스템에 관한 모든 법규가 수정되고 보안되기 시작하였다.

초고층 빌딩은 화재로 인한 재난 상황뿐 아니라 태풍이나 지진과 같은 초자연적인 비상 상황에 대한 고려도 함께 한다. 건축가는 초고층 빌딩의 설계 시 구조 전문가와 그 밖의 전문가들의 전문 컨설팅을 통하여 지진이나 극한의 날씨에도 건물이 버틸 수 있도록 시뮬레이션과 여러 디자인적인 요소를 이용한 대비를 준비한다. 초고층 빌딩의 화재에 대한 재난 방지 시스템은 더욱 체계적이다. 이 대비 시스템이 제대로 디자인이 되지 않는다면 초고층 빌딩은 엄청나게 큰 재해를 낳을 수 있다. 많은 사람들의 이동이 있고, 많은 개구부들의 설치로 인해 불의 피해가 대형사고로 번질 구조이다. 특히 연돌 효과(Stack Effect)로 인한 온도와 압력의 차이 때문에 이를 컨트롤하지 않는다면 엄청난 인명 피해를 볼 수 있다. 초고층 빌딩의 특징상 외부에서 소방차를 이용해서 화재를 진압하기도 힘들다. 소방차의 고가사다리를 통해 올라갈 수 있는 일반적인 높이는 50m(약 15개 층) 정도로, 긴급한 상황에 화재를 외부에서 통제하기도 힘들다. 소방 헬기의 사용 또한 고층 건물의 바람 압력에 의해 접근이 제한적이며 많은 인원의 구조가 불가능하다. 그렇기 때문에 일반적인 피난 동선 계획보다는 피난 층, 즉 AOR(Area of Refuge)을 이용하여 일반인들을 대피시키고, 전략적으로 구조를 하는 시스템으로 설계가 진행된다.

이렇게 다양한 위험 요소들을 가지고 있는 초고층 빌딩의 재난, 화재 시의 피난 디자인은 각 법규들과 함께 발전하고 있다. 미국 NFPA(National Fire Protection Association)에서는 전체적인 빌딩 법규나 규칙을 세워 건물의 화재 시 화재 예방과 구조에 대한 방법과 시설 구축을 조절하고 있다.

그렇다면 초고층 빌딩 설계에서 염두에 두어야 할 단계별 초고층 빌딩의 화재 안전 성능 설계(Fire Life Safety Design) 요소에는 무엇이 있는지 알아보자.

사진 5.1 원 월드 트레이드 센터, 뉴욕

EPILOGUE

아직 모자란 점이 많고 계속 성장해가고 있는 건축가로서 경력을 쌓아가는 동안 키워왔던 생각들과 지식들을 한 번쯤 정리해보고 싶다는 생각에서 이 책을 준비하였습니다. 책을 준비하는 과정에서 시간이 가면 갈수록, 또 내용을 써 내려가면 갈수록, 너무 많은 정보들과 그 지식의 깊이 앞에서 얼마나, 어느 정도를, 어떻게 서술해야 할지에 대한 고민과 고찰 끝에 이 책을 완성하였습니다. 더욱 자세한 사항들을 기술하고 싶은 부분도 있었지만, 초고층 빌딩 설계에 대한 '전반적인' 프로세스와 아이디어를 제공한다는 주요 목표에 벗어나지 않도록 작업하였습니다.

이 책을 준비하고 써 내려가면서 우리는 수많은 건축가들의 작품을 통해 다시금 배우게 되었습니다. 시카고에서 이 책을 쓰고 있는 현재 2015년, 우리는 시카고가 진정한 건축의 중심지였다는 점을 새삼 느끼며, 초고층 빌딩의 개념이 시작된 곳에서 이러한 책을 쓰게 된 것이 영광이라고 생각합니다. 이 도시와 건축이 우리에게 가르쳐준 아름다운 생각들을 많은 사람들과 공유하고 싶다는 생각을 해봅니다.

초고층 빌딩이 시작한 곳에서 이 책을 시작하고 마무리하며, 초고층 빌딩에 대한 우리가 소화한 개념을 정리하고, 앞으로의 방향에 대한 고려를 할 수 있는 기회가 되서 진심으로 기쁩니다.

건축을 알게 해주고, 배움을 주시고 인생의 롤모델이 되어주시고,
지금의 저를 있게 해주신 부모님께 가장 큰 감사의 말씀을 올리고 싶습니다.

또한 한국과 뉴욕에서도 격려와 조언을 아끼지 않으셨던 김종성 교수님께 큰 감사를 드립니다. 이 책이 나오기까지 많은 도움을 주신 씨아이알의 이일석 팀장님과 박영지 편집장님 외 많은 관계자 여러분께도 감사인사를 드립니다.

이 책이 한국의 젊은 건축가들에게, 혹은 건축을 공부하고 있는 분들에게, 작지만 큰 도움이 되기를 간절히 바랍니다.

참고문헌

(53) Schittich, Christian. 2007. *Glass Construction Manual*. Germany: Birkhäuser Architecture: 78-80.

(54) Grohmann, Manfred and Harald Kloft. 2003. "Load-bearing Structures". *High-Rise Manual*. Germany: Birkhäuser Architecture: 77.

(55) Ascher, Kate. 2011. "Structure". *The Heights: Anatomy of a Skyscraper*. Penguin Press: 48-49.

(56) Grohmann, Manfred and Harald Kloft. 2003. "Load-bearing Structures". *High-Rise Manual*. Germany: Birkhäuser Architecture: 77-78.

(57) Ascher, Kate. 2011. "Structure". *The Heights: Anatomy of a Skyscraper*. Penguin Press: 48-49.

(58) Grohmann, Manfred and Harald Kloft. 2003. "Load-bearing Structures". *High-Rise Manual*. Germany: Birkhäuser Architecture: 77-78.

(59) Grohmann, Manfred and Harald Kloft. 2003. "Load-bearing Structures". *High-Rise Manual*. Germany: Birkhäuser Architecture: 77-78.

(60) Eisele, Johann. 2003. "Construction and Design". *High-Rise Manual*. Germany: Birkhäuser Architecture: 99-102.

(61) Grohmann, Manfred and Harald Kloft. 2003. "Load-bearing Structures". *High-Rise Manual*. Germany: Birkhäuser Architecture: 77-78, 82.

(62) Eisele, Johann. 2003. "Construction and Design". *High-Rise Manual*. Germany: Birkhäuser Architecture: 103-104.

(63) Abdelrazaq, Ahmad. 2012. "Validating the Structural Behavior and Response of Burj Khalifa: Synopsis of the Full Scale Structural Health Monitoring Programs". *CTBUH International Journal of High-Rise Buildings*. CTBUH: 37-51.

(64) Grondzik, Walter T., Alison G. Kwok, Benjamin Stein and John S. Reynolds. 2009. *Mechanical and Electrical Equipment for Buildings*. Wiley: 1115-1144.

(65) Craighead, Geoff. 2009. *High-Rise Security and Fire Life Safety*. Butterworth-Heinemann: 366-380.

(66) Grondzik, Walter T., Alison G. Kwok, Benjamin Stein and John S. Reynolds. 2009. *Mechanical and Electrical Equipment for Buildings*. Wiley: 129-156.

(67) Ascher, Kate. 2011. "Elevator". *The Heights: Anatomy of a Skyscraper*. Penguin Press: 133-148.

(68) Boake, Terri Meyer. 2012. *Understanding Steel Design*. Germany: Birkhäuser: 112-115.

초고층 빌딩
설계 가이드

초판인쇄   2015년 08월 01일
초판발행   2015년 08월 10일

저   자   이소은, 김형우
펴 낸 이   김성배
펴 낸 곳   도서출판 씨아이알

책임편집   박영지
디 자 인   송성용
제작책임   이헌상

등록번호   제2-3285호
등 록 일   2001년 3월 19일
주   소   100-250 서울특별시 중구 필동로8길 43(예장동 1-151)
전화번호   02-2275-8603(대표)
팩스번호   02-2275-8604
홈페이지   www.circom.co.kr

I S B N   979-11-5610-147-5 (93540)
정   가   23,000원